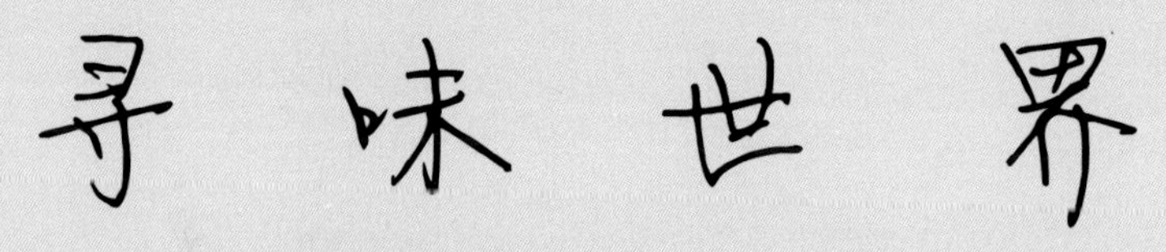

——全球经典美食在家轻松做

摩天文传 著

人民日报出版社

图书在版编目（CIP）数据

寻味世界 / 摩天文传著. — 北京 : 人民日报出版社, 2015.9

ISBN 978-7-5115-3309-8

Ⅰ. ①寻… Ⅱ. ①摩… Ⅲ. ①菜谱-世界 Ⅳ. ①TS972.18

中国版本图书馆CIP数据核字(2015)第175911号

书　　名：寻味世界——全球经典美食在家轻松做
作　　者：摩天文传

出 版 人：董　伟
责任编辑：孙　祺
封面设计：摩天文传

出版发行：人民日报出版社
社　　址：北京金台西路2号
邮政编码：100733
发行热线：(010) 65369509 65369527 65369846 65363528
邮购热线：(010) 65369530 65363527
编辑热线：(010) 65369528
网　　址：www.peopledailypress.com
经　　销：新华书店
印　　刷：北京鑫瑞兴印刷有限公司

开　　本：787mm×1092mm 1/16
字　　数：120千字
印　　张：10
印　　次：2015年9月第1版 2015年9月第1次印刷

书　　号：ISBN 978-7-5115-3309-8
定　　价：34.80元

前言

环球旅行，是很多人追求的美好梦想。在美食盛行的今天，人们又有了一个更狂热的想法：吃遍环球美食。吃，可谓是最能直观感受异国特色的方式，从饮食中不仅能品尝到来自不同地域的独特风味，更能领略到不同国家的人文风情。忙于工作的你，是否没有过多的时间和精力去走遍世界？不用担心，自制地道的环球美食，让你在美味的伴随下畅游世界。

热衷美食的你，即便没有精湛的厨艺也不要紧，最重要的是敢于尝试的热情，享受从中带来的乐趣。你是否想过，只要用味噌和海鲜调味一碗温暖手心的乌冬面，用甜辣酱料翻炒一份别具风情的韩国年糕，就能领略到美味料理中的日韩传统；而当你用丰富香料给各类平凡食物注入非凡香气，用独有的热带水果给菜肴增添清新和营养时，你就又感受到东南亚风土人情的热辣；当你用芝士给食物带来回味无穷的浓郁，用红酒给菜色增添齿颊留香的魅力，你又能体味到欧洲精致菜肴带来的浪漫气息……

本书精心罗列了各国最具代表性的地道美食，详细介绍了食材的分类和挑选，搭配简单易学的制作步骤，再加上“制作零失误”的贴心提示，确保制作万无一失。我们分享了各国独具的风味特点、异国酱料的制作秘方及简单省力的制作工具，轻轻松松足不出户打造地道环球美食，让我们一起来开启一场美妙的舌尖旅行吧！

目 录 CONTENTS

Chapter 1

旅途的开始

从零基础开始准备异国美食

Chapter 2

品 味 日 韩

最 传 统 正 点 的 日 韩 料 理

Chapter 3

热辣东南亚

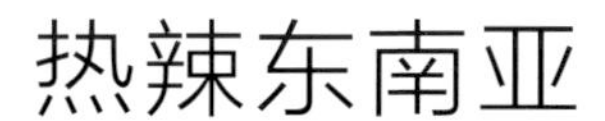

感受来自热带雨林的热情风味

Chapter 4

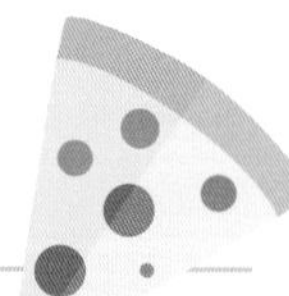

精 致 欧 美

漂洋过海的精致西式料理

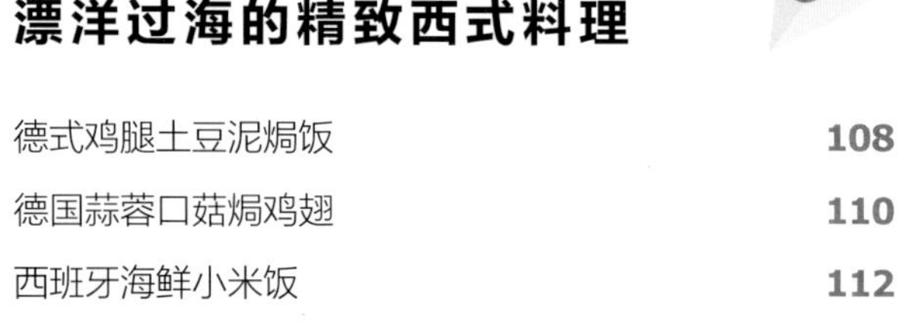

寻味世界

Chapter1

旅途的开始

从零基础开始准备异国美食

各国别具风味的美食，让人禁不住想吃的欲望，
无需踏遍世界，
自己用双手就可以打造各国最具代表性的菜肴。
只要加上一点技巧，
美食制作有你想不到的轻松和快乐。
快翻开这本美食的地图，让美味带你玩转全球！

全球经典异国风味特点

领略各国美食的不同风味特点，从摆盘细节到食物的营养搭配，全面了解不同地域的饮食文化，将世界美食尽收眼底。

中国站

特点：中国美食具有风格多样、讲究美感、食医结合的特点。首先，中国幅员辽阔，有 56 个民族，不同民族有不同的饮食特色。其次，中国大厨们非常讲究刀工技巧，在菜肴的表现形式上非常下工夫，无论在吃或看上，都给人美的享受。同时，中国的饮食与医疗保健有紧密的联系，从古至今，就一直讲究“医食同源”和“药膳同功”的原则，在食用美味佳肴的同时，达到防病治病的作用。

味道：中国地域辽阔，地大物博，各地气候和物产都不同，再加上各民族风俗习惯的差异，自然造成了饮食上风味的多样化。中国在口味上有“南甜北咸东酸西辣”的特点，主要分为巴蜀、齐鲁、淮扬、粤闽四大风味。

摆盘：中国菜讲究色香味俱全，其中的“色”就表现在摆盘上。中餐菜肴光是名称就出神入化、雅俗共赏，例如“狮子头”、“东坡肉”等，很多摆盘也是根据菜肴的名称来设计的。利用娴熟的技巧和对食物的热爱，塑造出各种“色”与菜肴的完美结合，给人精神与味觉的双重享受。

营养：中国饮食喜欢按四季不同的气候变化来调节味道及配菜，例如夏天讲究祛暑，多以凉拌为主；冬天讲究温补，多以焖炖为主。中国美食受中国文化的影响，食材的烹饪与营养讲究中和，让美食与健康达到和谐统一。

健康：中国饮食文化中的“医食同源”和“药膳同功”，揭示了饮食与健康的良好关系。但是当今的饮食习惯中，人们大鱼大肉毫无顾忌食入大量的动物蛋白和动物脂肪，给人体带来高血脂、高胆固醇等疾病，所以为何人们生活好了，慢性病却增多了。

日韩站

特点：日韩料理具有品种丰富、搭配合理、热衷生食的特点。每份菜品的分量不多，但是花样丰富，包罗万象。讲究合理的搭配，包括荤素的搭配，口味的搭配，干湿的搭配等。最具代表性的一个特点是，日韩料理都热衷于生食，例如生鱼片、生牛等，保留食物的原汁原味。

味道：日本料理的材料主要以海鲜和新鲜蔬菜为主，口味多为甜、咸，口感清爽，不油腻，保持原始食材的味道和特性。韩国美食以自然为本，食材主要为高蛋白和蔬菜，口味多为甜、辣，泡菜和酱料这些带有辣味的配料经常出现在韩国人的餐桌上，用来佐餐或加入其他菜肴中。

摆盘：日本的美食加工精细、色泽鲜艳，多喜欢摆成山川或船的形状，有高有低、层次分明。菜肴中常搭配插花，有主有次、色调柔和、赏心悦目，使人心情舒畅，更增加食欲。韩国料理不像中餐那样将食材大份混合，其不同的小菜会各自装盘，韩餐中有很多分量少但种类各异的小菜，且多为凉菜。

营养：在日韩料理中，海产品占有巨大的分量。海产品最大的特点是含有丰富的优质蛋白，低脂肪、低热量，对于人体健康是非常有益的。如在日本寿司中经常出现的三文鱼，其含有丰富的不饱和脂肪酸，能有效降低血脂和血胆固醇。在韩国料理中经常使用的生鱿鱼，含有丰富的蛋白质、钙、维生素等营养物质，也是高营养低脂肪的佳品。

健康：日韩料理讲究食物的健康搭配，首先海产品中含有人体必需的微量元素，多吃海产品还有益于女性对乳腺的保护。其次，海产品能有效降低患心血管疾病的风险，强壮心脏。还有助于防止自由基在人体内的形成，是防癌抗癌的好手。

东南亚站

特点：东南亚的许多国家均带有宗教色彩，影响着东南亚的人文及饮食文化。东南亚地处热带地区，特别的气候条件带来丰富的物产，在东南亚的美食中，经常可以看到水果和香料的身影。换句话说，也正因为有了水果和香料的加入，这些美食才真正体现出东南亚的特色，才能标榜为东南亚美食。

味道：东南亚美食的口味以酸、辣为主，由于地处热带，气候湿热，造成了东南亚美食口味偏重的特点。东南亚的热带气候提供了众多奇花异草，所以这里的人们很善于搭配各种自然食材和多种香料来调味。常见的调料有柠檬、咖喱、胡椒等，让美食充满香气，辛香甘鲜，口味浓重，别具一格。

摆盘：东南亚由于历史原因，在文化和饮食上都受到中西方的影响，从餐具汤匙、筷子和圆盘的组合就能体现出来。用手取饭菜进食也是东南亚美食的一大亮点。东南亚的菜品，无论是米饭、肉类还是蔬菜，都盛放在圆盘中，也是采用荤素搭配、主次分明的原则。

营养：东南亚国家基本都在临海的热带地区，蔬菜、水果和海鲜相当丰富。正餐中喜欢有主食、肉类、汤水、沙拉的搭配，营养非常全面。热带水果常见的有芒果、椰子等，这些水果首先都含有充足的水分，给人体起到补水作用。其次，它们含有丰富的维生素，能给人体补充营养，改善肌肤和体质。

健康：东南亚食物中不可或缺的香料和水果，也是给人体带来健康的功臣。例如香料中的八角，能舒肝暖胃；桂皮，能通经行血；薄荷，能清头目、润心肺；肉豆蔻，能涩肠止泻等。而水果中含有的丰富维生素更是不容小觑，维生素 C 可以美肤养颜；维生素 A 可以防治夜盲症；维生素 E 能软化血管等。

欧美站

特点：欧美菜肴往往被我们统称为西餐，西餐具有主食突出、口味鲜美、营养丰富的特点。西餐与中餐不同，它一般采用橄榄油、黄油等调味料，在主食周围会有配菜的装饰。欧美菜肴的口味不会太过混杂，主要体现主食的味道，配菜以清淡为主，突出主菜的鲜美。其合理的荤素搭配，也使得就餐人得到更均衡的营养。

味道：西餐主要分为法国菜、英国菜、意大利菜等。法国菜味道有浓有淡，经常用酒来调味；英国菜口味清淡，选料注重海鲜和各式蔬菜的搭配，所以口感非常鲜嫩；意大利菜烹调多用煎炸和烟熏，所以口味很浓郁。

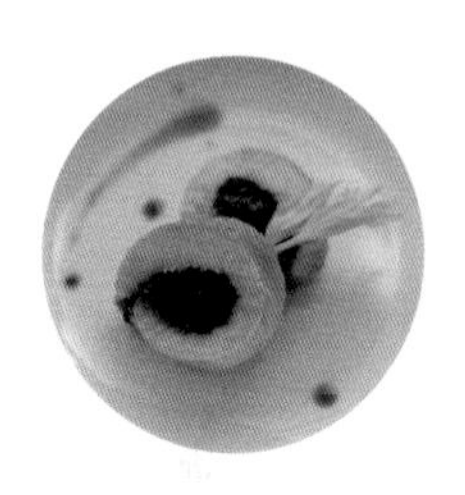

摆盘：西餐的摆盘比较注重艺术感，由于西方具有一种理性的饮食观念，所以每盘食物的分量不是很多，食不厌精，基本一盘就是一人食用的分量。讲究主菜和配菜的搭配，荤菜和素菜的搭配。对于西餐来说，要表现的主菜很明确，牛排就是牛排，鸡肉就是鸡肉，例如一盘法式羊排，其中羊排作为摆盘的主角，旁边会搭上少量的土豆泥，再有青豆和几块番茄的衬托，荤素结合，主次分明，简单明了。

营养：西餐中选择的肉类主要为牛排、羊排、海鲜等，能给人体提供热量、蛋白质、脂肪、微量元素等营养物质。在西餐中，肉类都会和蔬菜搭配食用，例如生菜、洋葱、番茄等，而且一般都会选择生食，保持蔬菜中的营养成分不被破坏。蔬菜中含有丰富的维生素，如洋葱里有独特的维生素 C，番茄中有独特的番茄红素，这些都是增强体质的佳品。

健康：海鲜是西餐的主角之一，能给人体提供优质蛋白，帮助人体细胞的再生和修复，从而保证人体健康。蔬菜也是西餐的必备品，不仅能缓解主食及肉类带来的油腻，还能提供多种维生素。维生素 A 能清除人体内的自由基，促进人体生长发育；维生素 C 能预防和治疗如坏血病等。西餐中的美食搭配非常重视给人体注入健康的元素。

异国酱料制作秘方

各国美食的特点，都浓缩在那小小的酱料之中，体味着各国最具代表性的美味酱料，就可徜徉于风格迥异的各国美食之间。

中国炸酱

食　　材：五花肉 300g、干黄酱适量、葱 1 根、蒜米 3 粒、姜 2 片、大料适量、料酒适量

制作步骤：Step1：先在碗中倒入适量的干黄酱，用水慢慢搅拌调稀。
Step2：将五花肉洗净，切成肉丁。
Step3：将葱姜洗净，切碎备用。
Step4：将大料放入油锅中爆香，倒入姜末。
Step5：倒入肉丁和料酒，炒至肉丁变色。
Step6：倒入干黄酱烧开，后用小火炒 30 分钟。
Step7：快出锅时加入葱末，炒匀即可。

意式红酱

食　　材：奶油 50g、白酒、红番茄 2 个、番茄糊、番茄酱、洋葱 1 颗、蒜头 6 颗、九层塔 4 片、西芹末 1 匙、巴西里末 1 匙、玉桂叶 3 片、俄力冈粉 1 茶匙、意大利香料 1 茶匙

制作步骤：Step1：将洋葱、红番茄洗净，切碎备用。
Step2：将蒜头切碎。
Step3：将洋葱、玉桂叶放入锅中，加奶油炒香。
Step4：加入红番茄、番茄糊、番茄酱搅拌，炒一下。
Step5：加入剩下的食材一起煮，待香味溢出即可。

韩式辣酱

食　　材：辣椒粉 500g、黄豆酱 200g、姜末 30g、蒜末 30g、盐适量、白糖适量、米酒 500g、糯米粉 200g

制作步骤：Step1：将姜末和蒜末放入炒锅爆香。
Step2：加入黄豆酱、米酒煮开。
Step3：一点一点向锅中加入辣椒粉，边加边搅拌。
Step4：加入盐、白糖，充分搅匀。
Step5：一点一点加入糯米粉，待汤汁黏稠冒泡，关火。
Step6：静置冷却，装入干净的密封瓶中。

泰式甜辣酱

食　　材：红辣椒 50g、柠檬汁 40ml、白醋 200ml、细糖 150g、太白粉 10g、水适量

制作步骤：Step1：将红辣椒洗净，去蒂备用。

Step2：将太白粉加入水混合。

Step3：将红辣椒和柠檬汁、白醋、细糖放入搅拌机中搅匀。

Step4：加热锅，将搅拌好的食材放入锅中，用小火煮开。

Step5：往锅中淋入调好的太白粉，加以勾芡即可。

新加坡咖椰酱

食　　材：斑斓叶 5 根、椰奶 250ml、鸡蛋 5 个、糖 200g

制作步骤：Step1：将斑斓叶用清水洗净。

Step2：将椰奶放入锅中加热。

Step3：将打碎的斑斓叶加入其中。

Step4：搅拌至椰奶变色后，过滤备用。

Step5：将鸡蛋加糖后打散备用。

Step6：用一个小锅在大锅中隔水加热椰奶和蛋液。

Step7：不停搅拌至食材混合均匀，变黏稠后静置冷却即可。

意式蛋黄酱

食　　材：鸡蛋 1 个、花生油适量、白砂糖 50g、白胡椒适量、白醋适量、白酒适量、盐 5g

制作步骤：Step1：将蛋黄与蛋白分离，只用蛋黄。

Step2：在蛋黄中加入白糖、盐、少量白胡椒、白酒。

Step3：缓慢加入花生油，一滴一滴地加入，不停搅拌让油和蛋黄融合。

Step4：一直搅拌至全部融合，并呈半凝固状即可。

美式牛油果酱

食　　材：牛油果 1 个、红辣椒、洋葱 1/4 个、番茄 1/2 个、香菜 2 根、蒜米、盐少许、柠檬汁

制作步骤：Step1：牛油果切半，用刀取出果核。

Step2：将果肉取出放入碗中，用勺子拌成泥。

Step3：香菜洗净切碎。

Step4：辣椒切碎，蒜米剁成蒜蓉。

Step5：洋葱切成小块。

Step6：番茄切小块。

Step7：将步骤 3~6 中的食材放入果泥中拌匀。

Step8：加入盐，挤入几滴柠檬汁。

越南柠檬酱

食　　材：柠檬汁 50ml、玉米粉 1 勺、奶油 50g、盐适量、糖适量、水适量

制作步骤：Step1：将水放入锅中烧开。

Step2：加入柠檬汁、奶油搅匀。

Step3：加入盐、糖调味。

Step4：加入玉米粉勾芡。

法式鹅肝酱

食　　材：新鲜鹅肝、盐 12g、胡椒适量、糖适量、豆蔻粉 5g、白兰地酒适量

制作步骤：Step1：将鹅肝表面的皮膜去除，剖开鹅肝并取出血管。

Step2：撒上盐、胡椒粉、糖、豆蔻粉，在鹅肝上涂匀。

Step3：半小时后在鹅肝上淋上白兰地酒。

Step4：腌制 2 个小时后放入烤箱中烘烤。

Step5：烘烤约 1 个小时左右取出。

Step6：待冷却后放入冰箱，食用时切片即可。

印度咖喱酱

食　　材：奶油30g、洋葱碎50g、大蒜1颗、西芹碎50g、高汤400ml、白酱2大勺、咖喱粉20g、郁金香粉5g、辣椒粉5g、豆蔻粉5g、面粉1大勺、黑椒适量、糖8g、盐5g

制作步骤：Step1：热锅后用奶油炒香洋葱碎、蒜头碎、西芹碎。

Step2：加入辣椒粉混合。

Step3：放入咖喱粉、豆蔻粉、白酱混合。

Step4：加入郁金香粉增加香味。

Step5：加入高汤用小火熬煮10分钟。

Step6：加入面粉、黑椒、盐、糖搅拌，煮20分钟即可。

意式披萨酱

食　　材：番茄3个、洋葱1/2个、大蒜2颗、黄油30g、干罗勒碎5g、披萨草5g、盐5g、白砂糖8g、胡椒粉5g、番茄酱20g

制作步骤：Step1：番茄、洋葱和大蒜切碎。

Step2：锅内放入黄油，将蒜蓉和洋葱粒炒熟。

Step3：加入番茄粒炒至出汁。

Step4：加水，中火煮十分钟。

Step5：将材料倒入搅拌机里搅拌成糊状。

Step6：将番茄糊倒入锅中，加入番茄酱和盐。

Step7：小火边搅拌边熬至浓稠状。

Step8：撒入胡椒粉、罗勒碎和披萨草拌匀即可。

日式味噌酱

食　　材：红味噌酱10g、砂糖10g、老抽2g、生抽1g、高汤100g、味淋10g、清酒10g

制作步骤：Step1：在锅中加入高汤，小火煮。

Step2：加入红味噌酱搅拌。

Step3：将剩下的食材全部加入混合。

Step4：待锅内汤水烧干，食材搅拌均匀即可。

10 款常用异国香料

香料在美食中并不起眼，但是往往具有画龙点睛的作用。让我们来看看以下 10 款常用的异国香料，为自己亲手制作的美食加分。

薄荷叶

薄荷叶味道清凉，主要含有薄荷油、薄荷醇、薄荷酮及迷迭香酸等成分，具有祛痰、利胆、改善感冒发烧、消除头痛等功效。薄荷叶常常用于制作料理，可以去除羊肉和鱼肉的腥味，还可以为甜点和水果提味。

欧芹

欧芹含有大量的铁、维生素 C 和维生素 A，常作为香辛调料用于西餐中，也是水果和蔬菜沙拉的常用配菜。其具有丰富的营养物质，可以抗衰老、抗炎、祛斑、降血压、防癌抗癌等。

罗勒叶

罗勒叶含有挥发油，具有消食、活血、化湿、解毒等作用。用在制作料理中，对菜肴起到调味作用，能去除腥气。经常用于意大利菜中，与蒜和番茄的混合能碰撞出独特口感。

百里香

百里香常常用于欧洲的烹饪中，其味道辛香，加在炖肉和汤中，使食物充满香气，是法国菜的必备香料。百里香含挥发性油，有镇咳、消炎等作用。

披萨草

披萨草在制作料理时常常切碎使用，加在沙拉、披萨或者蘸料中，有些许苦味和辛辣味，能增加食物的滋味。还可以浸泡当做茶来饮用。

咖喱粉

咖喱粉是由多种香料配制研磨而成的，呈黄色，味道辛辣，很受人们的欢迎。咖喱的主要成分有姜黄粉、八角、桂皮、丁香、川花椒等，这些都是有辣味的香料，能刺激唾液和胃液分泌，增加肠胃蠕动，增进食欲，并促进血液循环。

黑椒

黑椒带有些许的辛辣味，是全世界使用最广泛的香料之一，在各国的餐桌上都能见到它的身影。黑椒对人的身体有很重要的作用，古时的医书就指出黑椒可以治疗腹泻、消化不良、失眠等症状。

小茴香

小茴香味辛，主要含有蛋白质、脂肪、茴香脑和小茴香酮等物质。小茴香能刺激胃肠神经血管，促进唾液和胃液分泌，所以有增进食欲，帮助消化的作用。

大蒜

大蒜味辛辣，有浓烈的蒜辣气，常用于食物的调味。大蒜具有强力的杀菌作用，是目前发现的天然食物中抗菌能力最强的一种。对防治肿瘤和癌症，降低血糖，预防感冒等方面也起到重要的作用。

芥末

芥末微苦，有辛辣味，对口舌有强烈的刺激感，味道十分独特。由于辣味强烈，可以刺激胃液分泌，增强食欲。还有很好的解毒功能，能解鱼蟹的毒，所以常配鱼生食用。

简单工具带你轻松搞定环球美食

有了食材还不够，要做出一味地道的异国美食，还要使用专业的烹饪工具。那么如何准确烹制这些食材，以下推荐的简单工具让你轻轻松松做出美食。

塔吉锅

塔吉锅产于北非摩洛哥，最显著的特点是有一个高盖帽。之所以设计为高盖帽的造型，是由于这种三角圆锥的造型可以使蒸汽循环上升，最大限度减少水分的流失，能较好保持食物的原汁原味和营养。

石锅

石锅顾名思义就是用石头做的锅，其制作材料纯天然且耐火，质地硬，预热快，用其烹饪的食物相当美味。由于石锅本身的材料中含有对人体有益的微量元素，所以这也是石锅烹饪法沿用至今的原因之一。

烤箱

烤箱是一种密封的用来烤食物或者烘干食品的电器，家用烤箱经常用于制作面包、披萨、蛋挞、饼干等面食，及烤制各种肉类。其制作出来的食物往往香气扑鼻。

电烤炉

电烤炉代替了使用木炭的烤炉，节省能源，比较环保，不会因木炭燃烧而产生二氧化碳。相对烤箱而言，电烤炉是一种开放的烤制食物的电器，它比较小巧，烤制的肉受热均匀。

电烤锅

电烤锅相比电烤炉而言，多了一个不易碎的玻璃盖，方便观察食物的烤制情况。锅身外有耐高温的免烫手柄，加热体与锅身紧密结合，确保热能最大限度地被食物所吸收，高效节能。

高压锅

高压锅可以将锅中的食物快速加热到100℃以上，其高温高压的特点，大大缩短了烹饪的时间，同时节约了能源。使用高压锅前要先检查限压阀排气孔是否通畅；锅内的食物切勿装得太满；开盖前要等锅内压力完全降低，才能打开。

奶锅

奶锅因用于加热牛奶而得名，虽然汤锅也可以加热牛奶，但是汤锅体积较大，牛奶放入锅内显得分量很少，不好控制火候，容易烧焦。奶锅特意设计得比较小巧，倒入牛奶后比较有厚度，加热起来不易烧焦。

平底锅

平底锅是一种锅底平、锅边低，常用来煎煮食物的器具。其适用于炒、煎、炸、蒸等多种烹饪方式，可以制作海鲜、家禽、蔬菜等食物。容易使用，是烹制各色佳肴的必备品。

汤锅

汤锅体积较大，锅身较深，方便烹制分量较多的食物。主要用来炖汤、涮肉类、烫蔬菜等需要水分较多的菜品，也可以用来蒸煮和加热食物。

蒸锅

蒸锅不同于其他锅具的地方是多了个蒸笼，用于清蒸鱼虾、蛋类、肉类和面食的专门锅具。除此之外，还可以用来加热饭菜及用于炖汤和煲粥，是多用途的烹饪工具。

吃不胖的环球美食

不用担心贪恋美食会让自己变胖，环球美食热量表让食物里的卡路里尽在你的掌握之中。选择最减肥的环球美食，在享受美味的同时吃出窈窕身材。

热量表

美食名称	热量（大卡/100克）	美食名称	热量（大卡/100克）
披萨酱	67	韩国泡菜	37
大酱汤	40	日式茶碗蒸	76
意式蔬菜汤	42	咖喱土豆泥	97
辣酱炒年糕	117	石锅拌饭	154
泰式炒河粉	149	冷面	106
韩式紫菜包饭	143	瑞典肉丸	142
泰式南瓜咖喱鸡	148	西班牙海鲜饭	156
红酒鸡肉串	153	咖椰吐司	265
玉子烧	168	咖喱牛肉	113
日式炸豆腐	177	大阪烧	138
炸猪排咖喱饭	220	鲜蔬天妇罗	226
舒芙蕾	249	司康	343
吉拿果	340	日式麻糬	368

最减肥的环球美食推荐

冬阴功汤

冬阴功汤是泰国一道非常有名的酸辣口味汤品，主要食材有柠檬叶、香茅、辣椒、番茄、蛤蜊和虾等。加入番茄的冬阴功汤，不仅颜色鲜艳，还增添了酸甜口感。番茄具有独特的抗氧化能力，能强力清除自由基，对人体起到抗衰老和美白皮肤的作用。蛤蜊和虾都是高蛋白、低脂肪的食物，食用后不必担心发胖，其优质的蛋白质还能为人体提供能量和修护细胞，有效加速血液中胆固醇的排泄，从而使体内胆固醇含量下降。

韩国泡菜

韩国泡菜是一种发酵食品，其将蔬菜作为主要原料，各种水果、海鲜、肉料和鱼露作为配料一起腌制。由于其特殊的制作过程，能产生对人体有益的乳酸菌，还含有丰富的维生素、无机盐、矿物质及人体所需的多种氨基酸。泡菜是一种低热量的食物，吃多不会导致发胖，还能改善肠道功能，防止因便秘和多食而导致的肥胖及水肿。泡菜可以直接食用，脂肪含量几乎为零，用于代替高热量高脂肪的食物，可达到瘦身效果。

西班牙冷汤

西班牙冷汤是西班牙的传统菜色，很适合炎炎夏日食用。这道汤略带辛辣，能提神并刺激唾液和胃液分泌，促进肠胃消化。其使用番茄、洋葱、芹菜等蔬菜作为原料，无需动火烹煮，所以制作过程中不会有高油脂和高热量产生，吃多也不必担心身材走样。汤品大量保留了食材的原味和营养，其中番茄和洋葱都有极强的清除人体自由基的功能，对抗衰老有极大的功效。芹菜含有大量的膳食纤维，当把它放入嘴里咀嚼时，就开始消耗人体的热能。这些纤维进入肠道内，能刮洗肠壁，给肠道排毒，减少脂肪被小肠吸收，达到减肥的效果。

超省力的异国美食小工具

选对了工具，不仅给你制作美食增加成功值，还能大大节省制作的精力和时间。以下几款推荐的小工具，绝对是你制作美食的得力小助手。

寿司席

寿司席一般用竹子制作而成，用来制作寿司使用。先铺一张紫菜在寿司席上，将适量的米饭平铺在紫菜上，再放上肉和蔬菜等食材，用寿司席卷起即可。

饭团模具

捏饭团对手势有一定要求，力度拿捏不好容易影响饭团的形状，而且不能保证各个饭团都大小一样。饭团模具的出现，就轻松解决了这些问题。

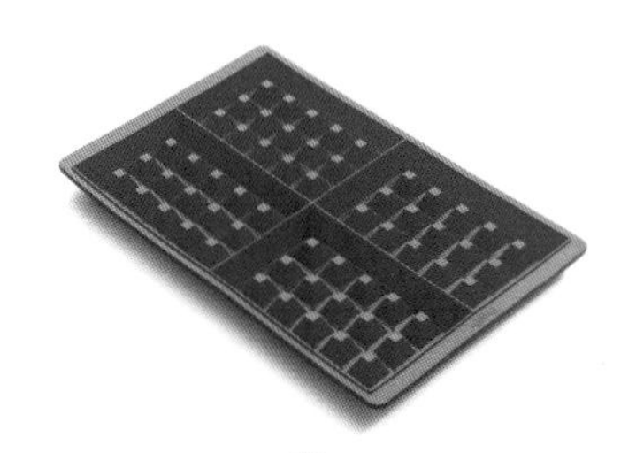

华夫饼模具

选择华夫饼模具时，要选择对健康无害的制作材质，保证在高温烘焙时不会产生对人体有害的致癌物质。可以选择能放入烤箱的塑料模具或金属模具。

烤薯片架

烤薯片架采用优质的树脂原料，外表光滑，有数个烤槽，可以固定土豆片，便于烘烤。除此之外，烤薯片架还可以用来烤面包或藕片等食物。

披萨盘

披萨盘有各种不同的比例大小，可以根据人数的多少来选择，能很好地控制分量，还保证披萨的美观。一般模具都采用不粘锅的材质，为食用提供方便。

吐司模具

在使用吐司模具烤制吐司前，建议先用少量融化的黄油或者植物油均匀涂抹于模具内部，这样能保证吐司烤制好后，脱模效果更佳，清洁模具也更方便。清洁后用软布擦干或风干，再收纳好即可。

舒芙蕾烤碗

舒芙蕾烤碗一般是圆柱体的一种陶瓷碗，放入烤箱中使用，美观健康，可重复利用。除了制作舒芙蕾，这款烤碗还可以用来盛放慕斯、果冻、布丁等。

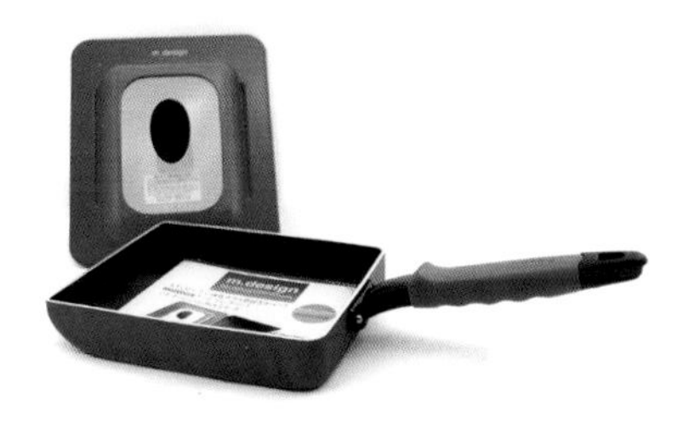

玉子烧煎盘

玉子烧煎盘大致呈长方体，线条柔美，锅体内外都有特殊的金属涂层，使之受热均匀，不易粘锅。煎盘一侧设计为斜面，方便卷蛋卷和出锅。

Chapter 2

品味日韩

最传统正点的日韩料理

首站来到日韩，
它们的美食与中餐有共通之处，
而在调料和烹饪等细节处又显现出日韩料理的个性。
日韩的料理在很大程度上传承了历史，
加上现代口味的改良和融化，
使之又充满新鲜感！

日式丼饭

丼饭指的是日本的盖饭，调料和食材覆盖在热气腾腾的米饭上，美味的汤汁渗透至饭中，给原本单调的米饭增添了美味。

准备这些别漏掉

主料：

洋葱1/2个

鸡腿1个

鸡蛋2个

米饭1碗

辅料：

味淋20g

水20g

调味料：

酱油5g

料酒少许

白砂糖5g

制作零失误

1. 喜欢吃熟一点的关火后可闷久一点。

2. 把握好味淋和饭的比例，倒太多味淋会使饭变得很湿。

3. 洋葱中的刺激物能溶于水，切洋葱丝时先在刀上淋一层水膜，就不会太刺激眼睛。

异国美味轻松做

1 味淋加水、酱油、料酒和白砂糖拌匀，倒入锅中。

2 加入洋葱丝，中火煮至洋葱变透明。

3 加入小块的鸡腿肉煮 5 分钟。

4 鸡蛋打散，倒一半蛋液入锅中。

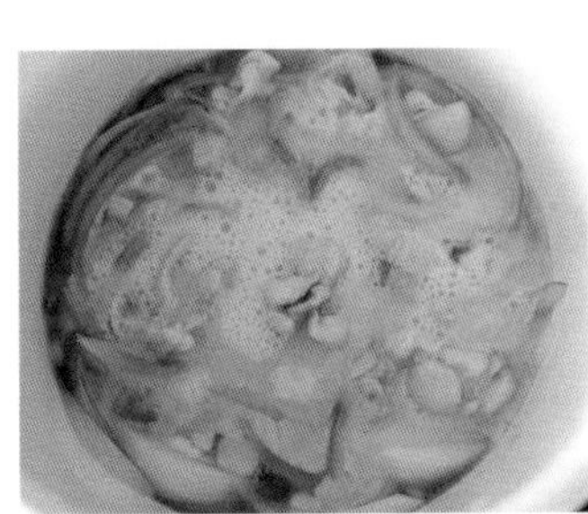

5 盖上盖子小火煮 1 分钟。

6 倒入剩下的蛋液，关火，盖上盖子闷 2 分钟。

7 盛好一碗米饭。

8 将煮好的鸡腿蛋铺在米饭上，撒一些碎海苔即可。

传统栗子饭

日式料理讲究简单，但千万不要小瞧食材，栗子的甜香加上木鱼花的鲜味，给米饭增添的不仅仅是色香味，还有满满的丰富营养。

异国美味轻松做

① 栗子去壳切小半。

② 放入锅中大火煮 5 分钟后沥干待用。

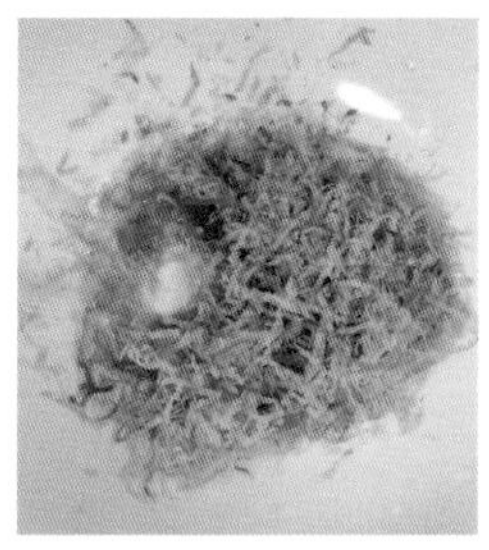

③ 取一把木鱼花放入碗里，倒入热水。

④ 将木鱼花在热水里浸泡 5 分钟。

⑤ 用过滤网滤出木鱼花，留下木鱼花水。

⑥ 大米洗净后，放入电饭锅。

⑦ 加入浸泡过木鱼花的水，放入栗子。

⑧ 倒少许酱油拌匀后按下煮饭键，盛出后撒上少许黑芝麻即可。

准备这些别漏掉

主料：栗子 6 颗、木鱼花 1 把、大米 120g

辅料：水 150g、黑芝麻少许

调味料：酱油 5g

制作零失误

1. 栗子不易煮熟，所以要先放入锅中煮一会儿。
2. 木鱼花太轻，称不上重量，一把的分量大概为一个手掌的大小。
3. 用木鱼花浸泡过的水煮出的饭会有淡淡的木鱼花香味。

味噌海鲜乌冬面

乌冬面几乎不含脂肪，含有很多高质量的碳水化合物，通过各种海鲜和汤料的搭配，简单又健康，不愧是日本人家中最常见的面食之一。

异国美味轻松做

① 虾子洗净，虾头切下。

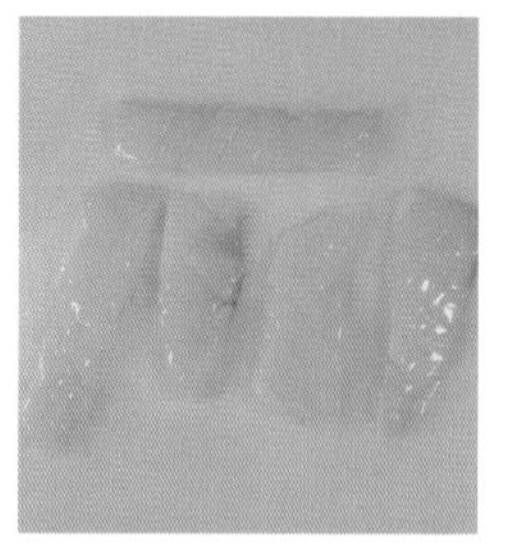

② 鱿鱼切片，划出格子纹路。

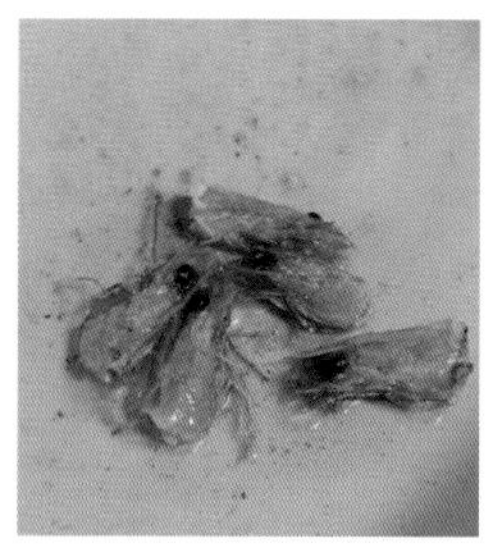

③ 锅中倒入油，将煎至出油变香后拿出。

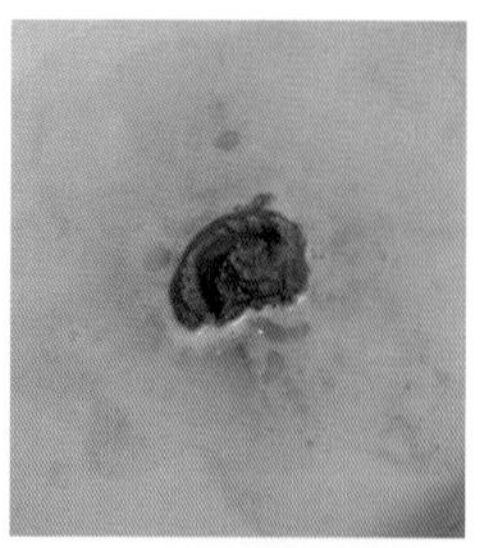

④ 在有虾油的锅中倒入水，放味噌拌匀煮开。

⑤ 加入乌冬面小火煮至面条散开。

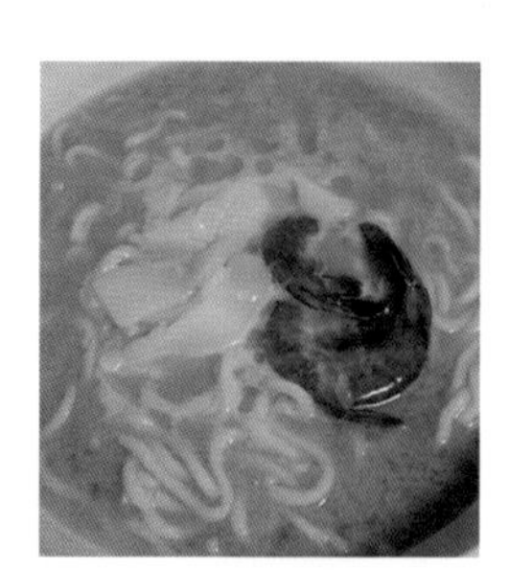

⑥ 放入虾子和鱿鱼。

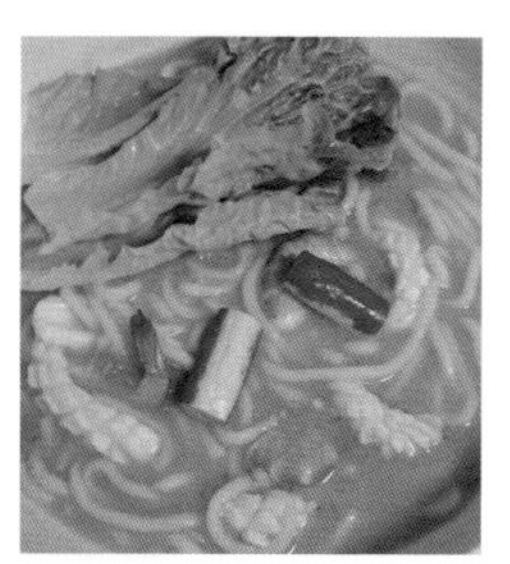

⑦ 煮熟后加入蟹棒和生菜，关火。

⑧ 加入盐拌匀即可。

准备这些别漏掉

主料：虾子 5 只、鱿鱼 1 只、乌冬面 1 份、蟹棒 2 根

辅料：生菜 2 片

调味料：味噌酱 50g、盐少许

制作零失误

1. 煎虾头可使汤变得更鲜香。
2. 煮乌冬面时可用筷子稍稍拨散开。
3. 处理虾时，用牙签挑虾尾的倒数第二、三节之间即可挑出沙线。

日式土豆炖牛肉

这款土豆炖牛肉突显了日式菜品讲究营养和色彩搭配的特点，丰富的维生素和蛋白质能满足一天的身体所需。

异国美味轻松做

① 土豆削皮，切成小块后把棱角切掉。

② 胡萝卜切块。

③ 荷兰豆洗净，洋葱切成条状。

④ 锅中加一些油，中火翻炒步骤 1、2 中的材料。

⑤ 加入水，中火煮开后转小火，盖上锅盖。

⑥ 煮至土豆变熟，汤汁变黄。

⑦ 加入肥牛煮熟，撇去浮沫。

⑧ 倒入酱油、味淋、白砂糖、料酒和盐拌匀。

准备这些别漏掉

主料：土豆 1 个、胡萝卜 1/2 个、荷兰豆 1 把、洋葱 1/2 个、肥牛 200g

辅料：味淋 15g、水 200g

调味料：酱油 10g、白砂糖 10g、料酒 2g、盐少许

制作零失误

1. 土豆煮熟后切口有棱角的部分容易融进汤里使汤变得浑浊。

2. 日式土豆炖牛肉味道偏清淡，略甜，酱油和白砂糖的比例为 1:1。

3. 肥牛不用煮太久，控制好时间，不然不够鲜嫩。

关西大阪烧

大阪烧是日本关西的一种百姓食物，代表了大阪的饮食文化。由于其外观很像披萨，所以也被称为“日式披萨饼”。

准备这些别漏掉

主料：

包菜3片

胡萝卜1/2根

鸡蛋1个

培根2片

虾子6只

辅料：

面粉50g

水50g

木鱼花少许

海苔2片

调味料：

盐少许

蛋黄酱适量

日本酱油适量

制作零失误

1. 搭配的蔬菜可根据个人喜好添加。

2. 海苔要多放才有大阪烧的地道口感。

3. 可借助碟子倒扣的方法将面饼翻面。

异国美味轻松做

① 包菜和胡萝卜洗净切成丝。

② 鸡蛋加水打散拌匀。

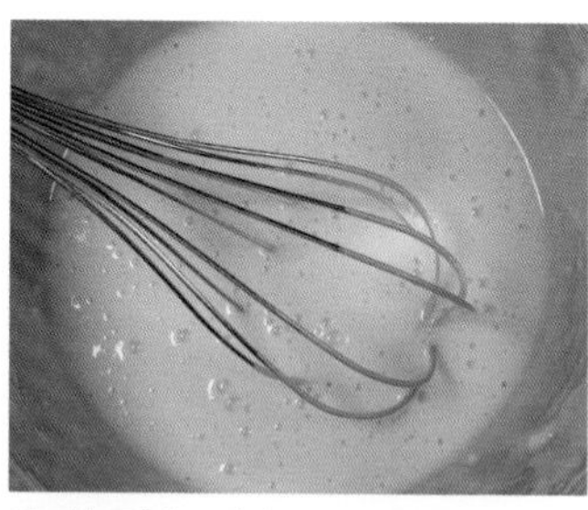

③ 将面粉和盐加入蛋液中拌匀。

④ 培根切小片，虾子去壳去虾线。

⑤ 将包菜丝、胡萝卜丝、培根、虾一起倒入面糊中拌匀。

⑥ 平底锅中抹一层油，将面糊倒入锅中，用锅铲稍稍调整成圆形。

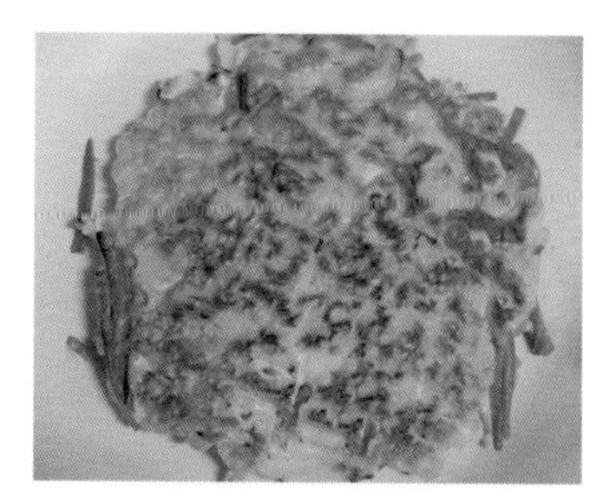

⑦ 中火煎制 8 分钟后翻面，继续煎 5 分钟。

⑧ 再翻面出锅，挤上蛋黄酱，日本酱油，撒上木鱼花和海苔碎即可。

日式大根烧

大根烧利用极其简单的萝卜作为食材，加上日本料理中经常爱用的味噌等调料，让普通的萝卜变得美观又美味。

异国美味轻松做

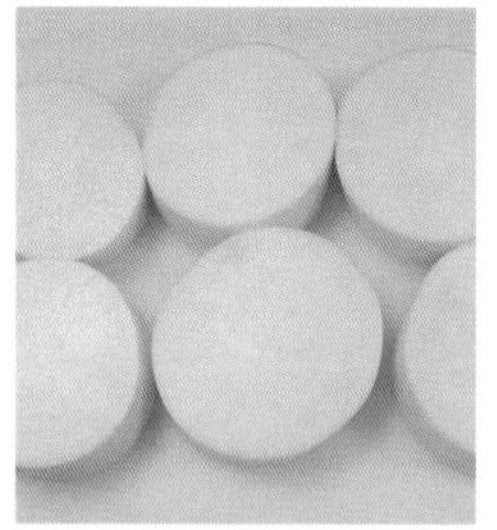

① 白萝卜切成厚段。

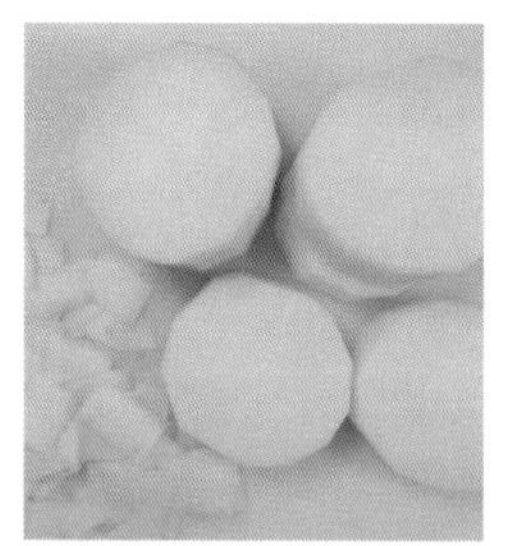

② 将白萝卜的皮切掉。

③ 将白萝卜平铺在炖锅底部。

④ 加入水和味噌，拌匀后用小火炖煮 30 分钟。

⑤ 捞出白萝卜，滤干水。

⑥ 将白萝卜放入酱油中浸泡一会。

⑦ 平底锅放少许油，白萝卜两面煎至金黄。

⑧ 出锅后撒上小葱即可。

准备这些别漏掉

主料：白萝卜 1 根

辅料：小葱 2 根、水 600g

调味料：味噌 60g 、油少许

制作零失误

1. 煮白萝卜时水要完全淹没过萝卜。
2. 味噌汤也可以用高汤来代替。
3. 蘸酱油的分量根据个人咸淡口味调节。

日式玉子烧

最地道的日式小吃玉子烧，鸡蛋、牛奶是早餐的习惯性搭配，将两者混合调味出顺滑的蛋卷，让鸡蛋和牛奶碰撞出新的火花。

准备这些别漏掉

主料：

鸡蛋2个

辅料：

牛奶15g

调味料：

白砂糖8g

盐少许

油少许

制作零失误

1. 搭配蛋黄酱食用味道更佳。

2. 蛋液煎至稍凝固即可卷起，煎久了鸡蛋容易变老，影响口感。

3. 出锅后可先用竹帘包裹轻压定型，待凉后切块。

异国美味轻松做

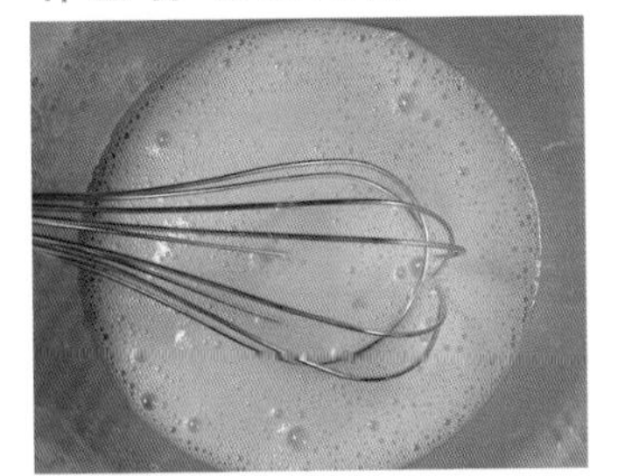

① 鸡蛋打入碗中，加入牛奶、盐和白砂糖搅拌均匀。

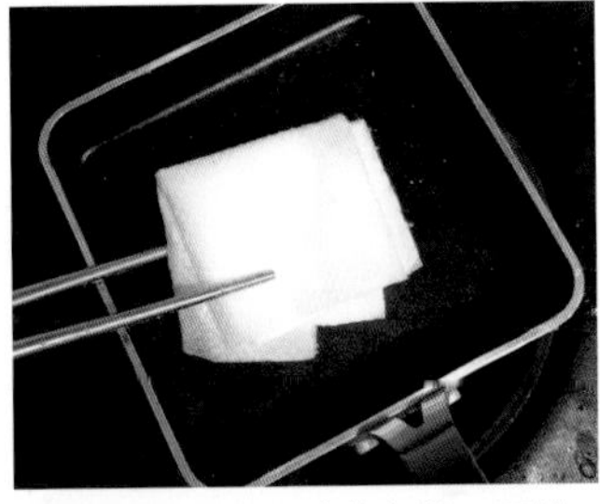

② 用厨房纸在锅内均匀抹一层油。

③ 倒入一半蛋液，小火煎至稍凝固。

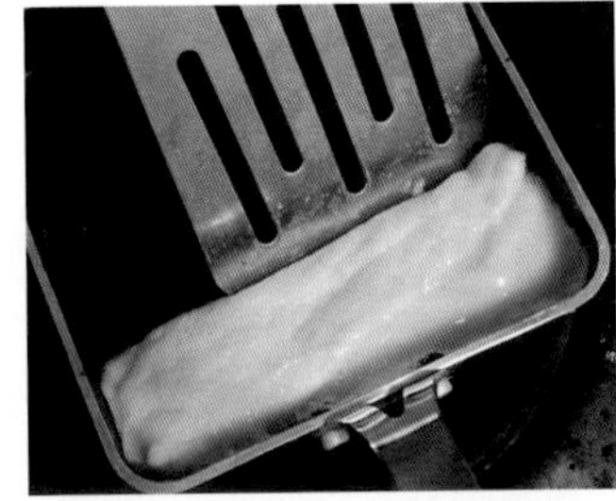

④ 用锅铲从上往下卷起蛋卷。

⑤ 将蛋卷置于锅的顶部，倒入另一半蛋液，继续小火煎至稍凝固。

⑥ 再用锅铲从上往下卷起。

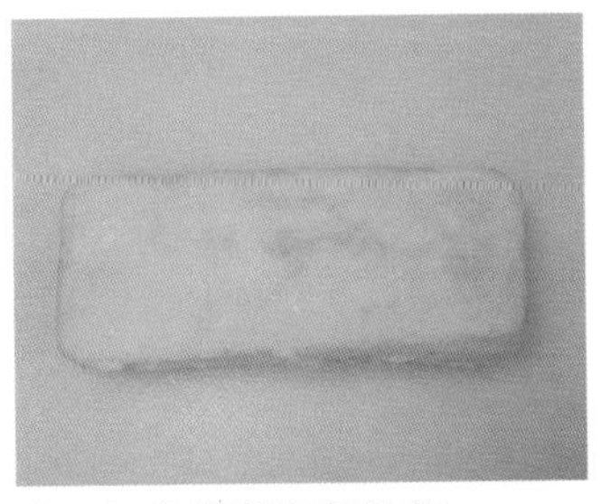

⑦ 用锅铲稍稍整形后出锅。

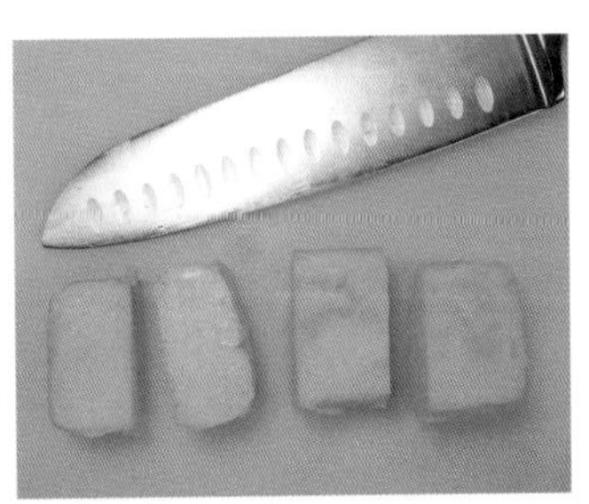

⑧ 用刀切块装盘即可食用。

日式茶碗蒸

色泽清雅、爽口清淡的日式茶碗蒸，蒸蛋的香滑加上海鲜的鲜嫩，补充优质的蛋白质，有利于身体健康。

异国美味轻松做

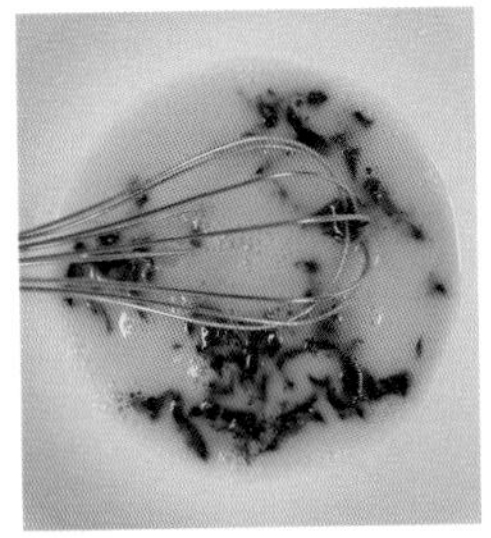

① 鸡蛋加入水、紫菜和盐，用打蛋器轻轻搅拌均匀。

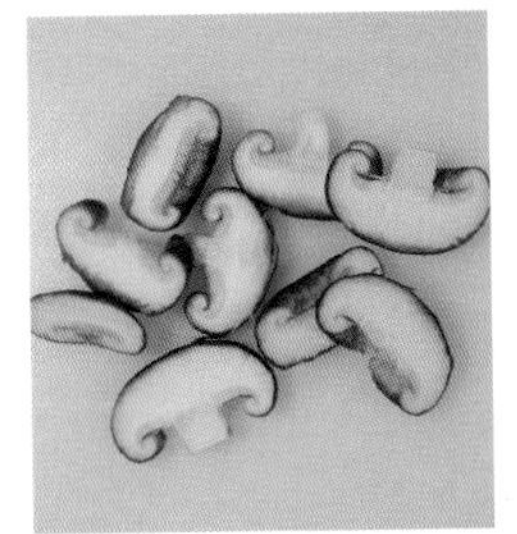

② 香菇洗净切片。

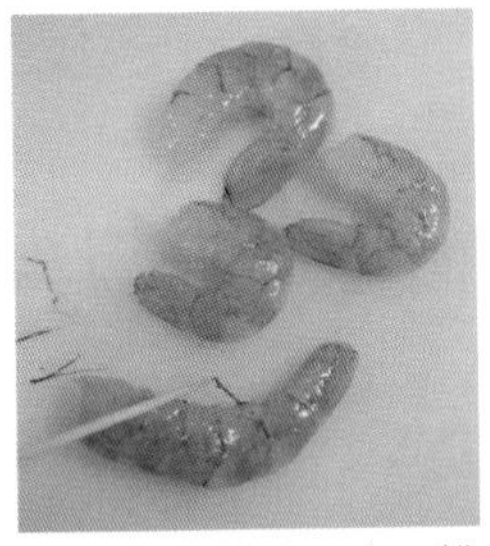

③ 虾子去掉头和壳，挑出虾线，用料酒和盐腌制 5 分钟。

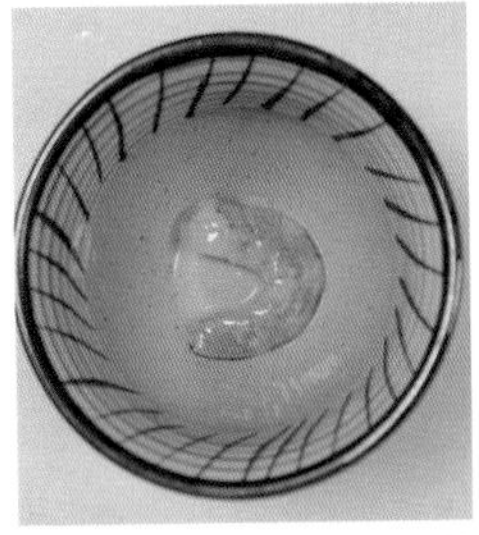

④ 选两个手掌大小的茶杯，将一只虾子放入茶杯底部。

⑤ 倒入蛋液至八分满。

⑥ 盖上保鲜膜，放入装了水的锅中，中火蒸 8 分钟。

⑦ 拿出茶杯，铺入虾子、香菇和切半的蟹棒，再放入锅中继续蒸 5 分钟。

⑧ 出锅后撒少许葱花。

准备这些别漏掉

主料：鸡蛋 4 个、紫菜少许、香菇 2 个、虾子 4 个、蟹棒 1 根

辅料：水少许、葱花适量

调味料：盐少许、料酒 2 勺

制作零失误

1. 搅拌鸡蛋时要轻一些，防止蛋液产生太多气泡，蒸出的蛋羹影响美观。

2. 盖保鲜膜是为了防止蒸蛋时水蒸气滴入蛋羹中，使表面不平整。

3. 判断蛋羹是否蒸熟，用一根牙签从中间部分插下去，一般不成水液状态就可以了。

日式炸豆腐

豆腐平淡无味，但是经过油炸和木鱼花的增色，让豆腐变得有滋有味，搭配绿茶可减少油脂带来的油腻。

异国美味轻松做

1 水豆腐切成小块。

2 锅里装适量油，烧至7成热，将豆腐轻轻放入油锅里炸。

3 炸至表面呈金黄色。

4 捞出滤干油，将炸豆腐放入碗里。

5 泡好一壶绿茶。

6 将茶倒入装有木鱼花的碗中。

7 撒上盐拌匀，木鱼花浸泡五分钟，待茶水有木鱼花的香味后滤出木鱼花残渣。

8 将茶水倒入炸豆腐中，撒上木鱼花、大葱，挤少许芥末即可食用。

准备这些别漏掉

主料：水豆腐 1 块

辅料：绿茶茶叶 5g、水 50g、木鱼花少许、大葱 1 段

调味料：油适量、盐少许、芥末少许

制作零失误

1. 油炸的豆腐混合绿茶的清香吃起来不会油腻。
2. 水豆腐不要切太小块，不然炸时会使豆腐变硬。
3. 也可在豆腐上淋一些碎海苔。

鲜蔬天妇罗

在健康的日式料理中，这是一道少有的油炸菜式之一。将普通的蔬菜经过面糊的包裹放入油锅，将蔬菜炸得轻巧松脆，让普通的蔬菜也能变成有趣的小食。

准备这些别漏掉

主料：

鲜香菇4个

莲藕1/2个

红甜椒1个

南瓜1/2根

茄子1/2根

鸡蛋1个

辅料：

低筋面粉50g

淀粉10g

水100g

冰块2块

调味料：

味淋适量

制作零失误

1. 可用酱油和白萝卜泥做成蘸酱搭配。

2. 面糊中加入冰块是为了使蔬菜降低温度，油炸后的蔬菜会更脆且不油腻。

3. 蔬菜炸出锅后可用专门的厨房纸吸去多余油脂。

异国美味轻松做

① 香菇洗净去蒂，用刀在香菇表面切出十字花。

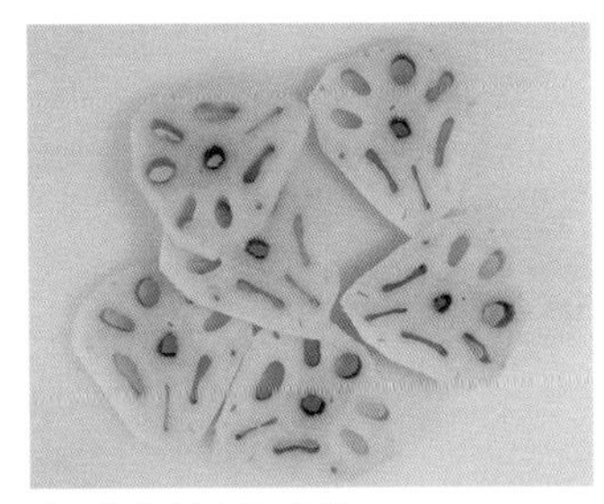

② 莲藕削皮切成片。

③ 红甜椒去蒂切成条状，南瓜削皮切条。

④ 将洗净的茄子切成片。

⑤ 鸡蛋打散，加入水拌匀，倒入低筋面粉和淀粉。

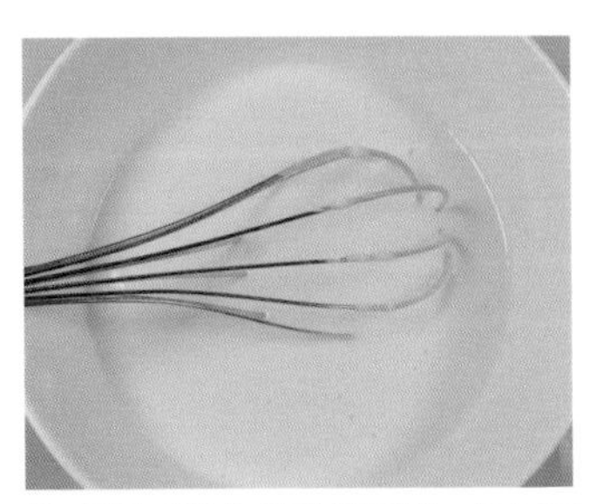

⑥ 搅拌成均匀流动的面糊，放入两块冰块降低面糊的温度。

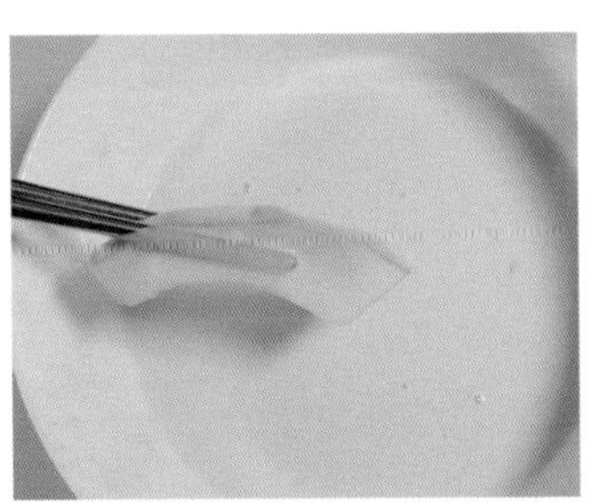

⑦ 将蔬菜放入面糊裹一层，放入油锅中炸至外皮金黄捞出滤干。

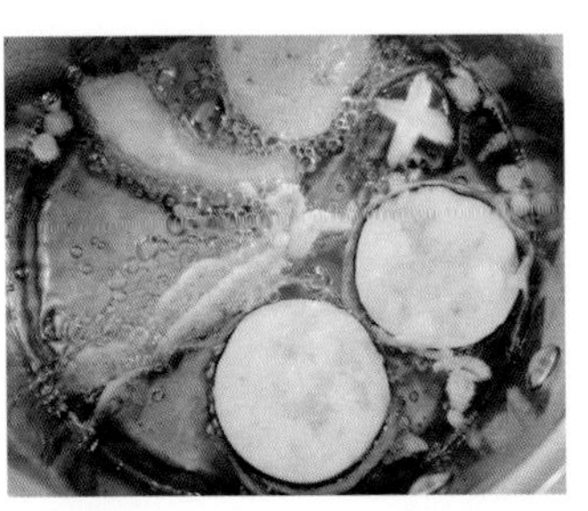

⑧ 根据个人口味，蘸适量味淋食用即可。

紫菜包饭

极具韩国特色的紫菜包饭，包含了荤素与主食的搭配，不仅能给人体提供充足能量，而且十分方便携带，可作为外出时补充体能的能量小点。

准备这些别漏掉

主料:

黄瓜1/2根

胡萝卜1/2根

火腿1根

鸡蛋1个

米饭1碗

辅料:

紫菜1片

调味料:

醋少许

白砂糖少许

盐少许

制作零失误

1. 太热的米饭铺在紫菜上会使紫菜软掉，影响美感和口感。

2. 铺米饭时可带上手套防止米饭沾手。

3. 紫菜留出一条空隙在卷时更容易操作，饭团更贴合。

异国美味轻松做

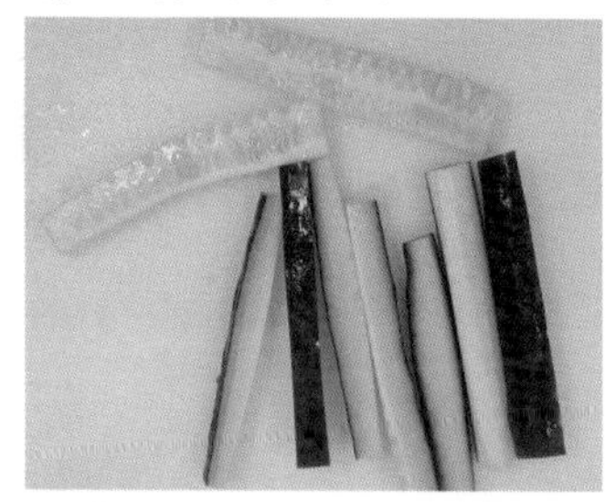

① 黄瓜切成条状，去掉中间的瓤。

② 胡萝卜切条，焯水五分钟捞出沥干。

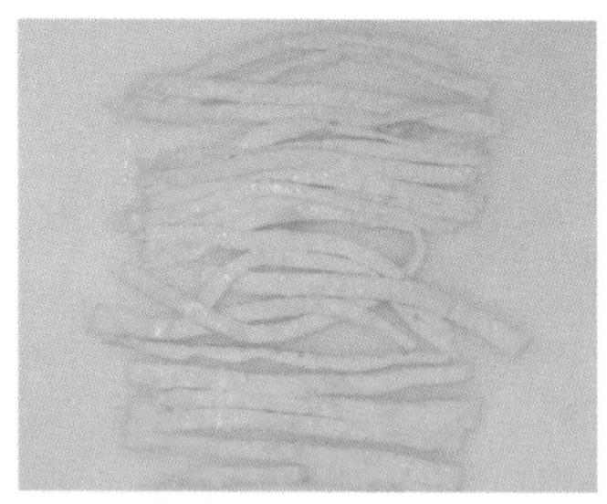

③ 鸡蛋打散，加入少许盐，用平底锅煎成蛋饼后切成条。

④ 米饭加入醋、白砂糖和盐拌匀。

⑤ 在寿司帘上铺一张紫菜。

⑥ 待米饭稍凉后均匀铺在紫菜上，一端留少许空隙，将米饭压实。

⑦ 火腿肠切条摆入米饭的一端，再放入黄瓜条、胡萝卜条和鸡蛋条。

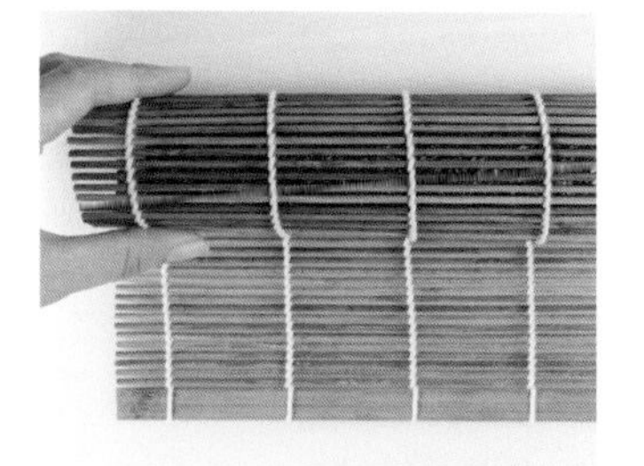

⑧ 将寿司帘边卷起边轻轻压实，打开后用沾水的刀切块即可。

石锅拌饭

韩国料理最有代表性的一定是石锅拌饭，胡萝卜、菠菜等蔬菜都含有丰富的维生素等营养物质，用于摆盘上，仿佛给石锅饭穿上了色彩鲜艳的外衣，领人赏心悦目。

异国美味轻松做

① 胡萝卜、西葫芦切丝，蕨菜和菠菜去叶切段，豆芽洗净。

② 将胡萝卜丝、西葫芦丝和蕨菜煮熟。

③ 锅中放少许油，将菠菜梗和豆芽炒熟。

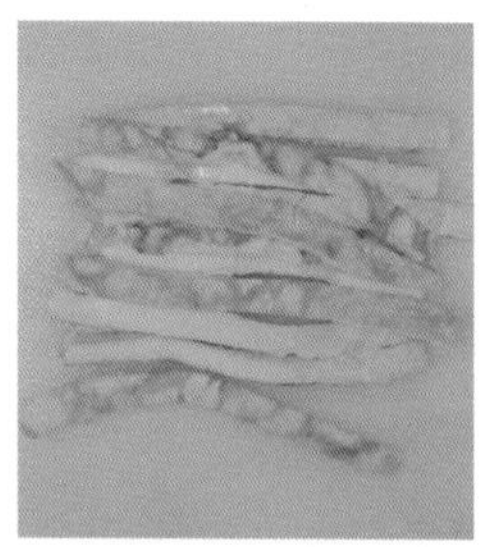

④ 鸡蛋加盐打散倒入锅中，煎熟后切成丝。

⑤ 在石锅中刷一层油，装入米饭，稍稍将米饭压平整。

⑥ 依次摆入胡萝卜丝、菠菜梗、豆芽、西葫芦丝、蕨菜和鸡蛋丝。

⑦ 在平底锅打入一个鸡蛋煎至半熟后把边缘剪成平整的圆形，将煎蛋摆在配菜上。

⑧ 将石锅放在火上加热至米饭发出“滋滋”的响声便可关火，趁热加入韩式辣酱拌匀。

准备这些别漏掉

主料：胡萝卜 1/2 根、西葫芦 1/2 个、菠菜 1 把、蕨菜 5 根、豆芽 1 把

辅料：鸡蛋 3 个

调味料：油少许、盐少许、韩式辣酱 2 勺

制作零失误

1. 菠菜和豆芽用油炒比用水煮要香。
2. 石锅里刷多一些油更容易烧出锅巴。
3. 煮蔬菜时不用加盐，最后拌辣酱即可。

韩国冷面

韩国冷面凉爽清淡，柔韧有嚼劲，带着微辣和酸甜的口感，吃起来不腻，反而会令人食欲大增。配上韩国泡菜一起食用，口感更是一绝。

准备这些别漏掉

主料：

黄瓜1/2根

牛肉80g

荞麦面200g

苹果1片

熟鸡蛋1个

辅料：

辣白菜适量

大葱1/2根

姜1块

冰块适量

调味料：

盐少许

辣酱1勺

酱油1勺

白醋2大勺

白砂糖5g

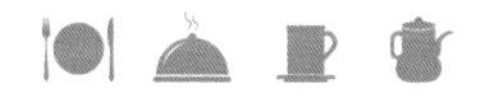

制作零失误

1. 冷面煮久会失去弹性，影响口感。

2. 煮好的荞麦面用冷水冲洗可冲掉黏液。

3. 苹果切好后尽快食用，不然会被空气氧化变黄。

异国美味轻松做

① 锅中放入大葱、姜块、盐和牛肉，烧开后转中火煮20分钟，把牛肉捞出后留汤待用。

② 煮熟的牛肉块凉凉后切片。

③ 将荞麦面放入烧开的水中煮3~5分钟。

④ 用冷水冲洗到面完全冷却后，滤干放入碗中。

⑤ 黄瓜洗净切丝。

⑥ 在装有荞麦面的碗中放入黄瓜丝、苹果片和牛肉片。

⑦ 再摆入辣白菜和一勺辣酱。

⑧ 放入切半的熟鸡蛋，煮牛肉的汤用滤网过滤后加入酱油、白醋、白砂糖、盐和冰块拌匀，倒入碗中。

辣酱炒年糕

甜甜辣辣的炒年糕一直被认为是韩国街头美食的代表，也是外国游客必吃的食物。它不仅味道可口、营养丰富，得到的高评价使之毫不逊色于其他珍味。

异国美味轻松做

① 包菜、洋葱和胡萝卜洗净切条，小葱切段待用。

② 辣酱加入番茄酱、蜂蜜拌匀放入锅中，加水烧开。

③ 将年糕放入锅中，转中火。

④ 煮至年糕浮起。

⑤ 洗净的蔬菜放入锅中。

⑥ 中火煮至蔬菜熟透。

⑦ 放入葱段拌匀后关火。

⑧ 出锅后撒上白芝麻。

准备这些别漏掉

主料：包菜 5 片、洋葱 1/2 个、胡萝卜 1/2 根、年糕适量

辅料：小葱 2 根、水适量

调味料：韩式辣酱 1 勺、番茄酱 1/2 勺、蜂蜜少许、白芝麻少许

制作零失误

1. 想吃肉的可以加入一些炒熟的五花肉。
2. 最终一直煮到汤汁变稠为止，即可出锅。
3. 由于辣酱本身带有甜味，所以不用加糖。

芝士部队锅

部队锅顾名思义是由部队料理演变而来，原先其中并无拉面这一食材，而现在拉面成为了部队锅的主角，若没有了爽口劲道的拉面，就不能称为正宗的部队锅。

准备这些别漏掉

主料：

青椒1根

香菇5个

白菜5片

金针菇适量

拉面面饼1块

辣白菜适量

辅料：

大葱1根

奶酪1片

调味料：

油少许

韩式辣酱1勺

制作零失误

1. 蔬菜可根据个人喜好或家里现有的材料选择。

2. 先将食材炒出一定香味，再加水煮汤。

3. 煮面时控制火候和时间，不要煮得太烂。

异国美味轻松做

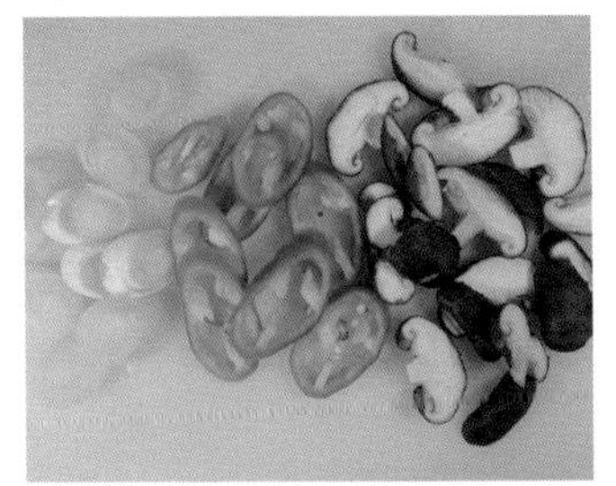

① 大葱、青椒和香菇洗净切片。

② 大白菜洗净切大块。

③ 在锅内刷少许油。

④ 将大白菜铺在锅底。

⑤ 依次摆入金针菇、香菇、大葱、青椒、火腿片和辣白菜，舀一勺辣酱放入。

⑥ 小火煮 5 分钟后倒入清水，放入年糕条，大火煮开后转小火。

⑦ 小火煮 8 分钟后放入面饼煮 5 分钟。

⑧ 最后放入一块奶酪，关火盖上锅盖闷两分钟即可。

大酱汤

大酱汤是韩国日常餐桌上必不可少的传统菜品，它丰富的营养、可口的美味、简单的原料以及方便操作，使之受到大众的喜爱。

异国美味轻松做

① 土豆、西葫芦切片，洋葱切丝，尖椒切粒。

② 豆腐切块，金针菇去掉根部，牛肉和蒜米切片。

③ 将蒜片、牛肉和洋葱炒熟。

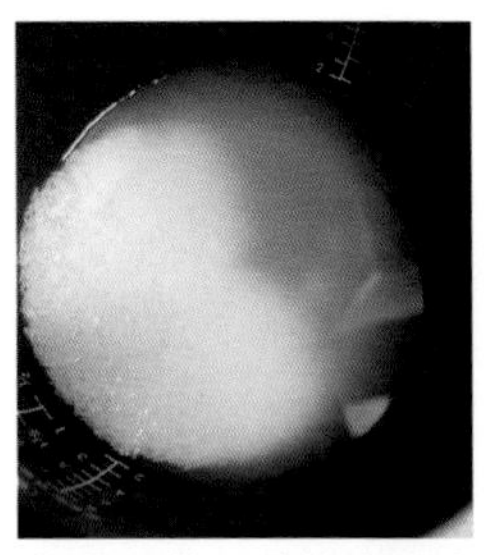

④ 将洗第二遍的淘米水滤出倒入锅中。

⑤ 加入两勺大酱，一勺辣酱。

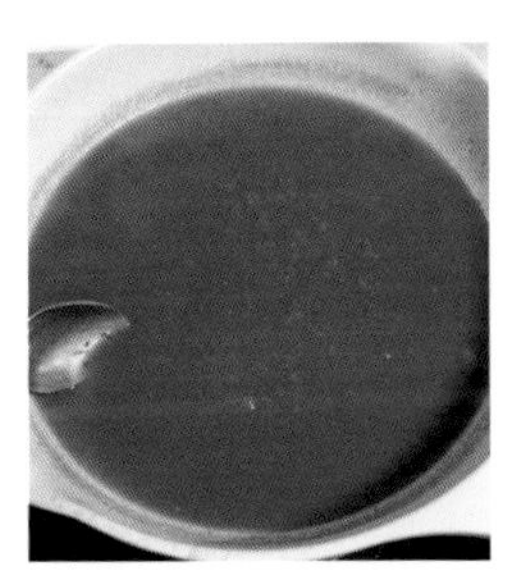

⑥ 把酱拌匀，大火煮开后转中火。

⑦ 将土豆片、豆腐块、金针菇和西葫芦放入锅中煮熟。

⑧ 加入蛤蜊和尖椒，待蛤蜊煮至打开壳后倒入牛肉洋葱拌匀即可。

准备这些别漏掉

主料：土豆 1 个、西葫芦 1/2 个、洋葱 1/2 个、尖椒 2 根、豆腐 1 块、金针菇 1 把、牛肉 100g、蛤蜊 10 个

辅料：蒜米 2 瓣、水适量

调味料：辣酱 1 勺、大酱 2 勺

制作零失误

1. 淘米水有营养且可使汤更浓郁。
2. 在放蛤蜊的水中滴几滴油能让蛤蜊更快吐净沙子。
3. 汤煮的时间越久越好喝。

辣白菜炒五花肉

在韩国最受欢迎的米饭搭档一定是这道菜，辣白菜的汁水伴着翻炒逐渐渗透进五花肉中，使之肥而不腻，而五花肉的油脂又给辣白菜增添了更醇厚的味道。

准备这些别漏掉

主料：

五花肉

辣白菜适量

辅料：

姜5片

小葱2根

调味料：

白芝麻少许

制作零失误

1. 辣白菜不要放太多，会使五花肉变酸。

2. 五花肉炒至金黄色微焦的程度才会有香脆的口感。

3. 炒菜时，可以用辣白菜的汁水代替清水。

异国美味轻松做

① 五花肉切段。

② 将准备好的辣白菜取出，并切成小段备用。

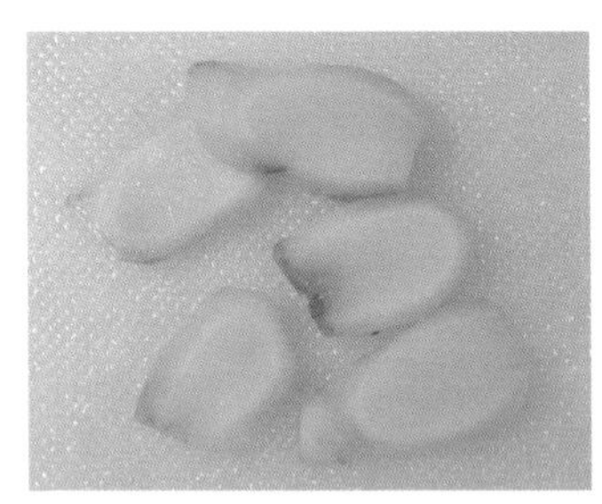

③ 姜洗净去皮切成片。

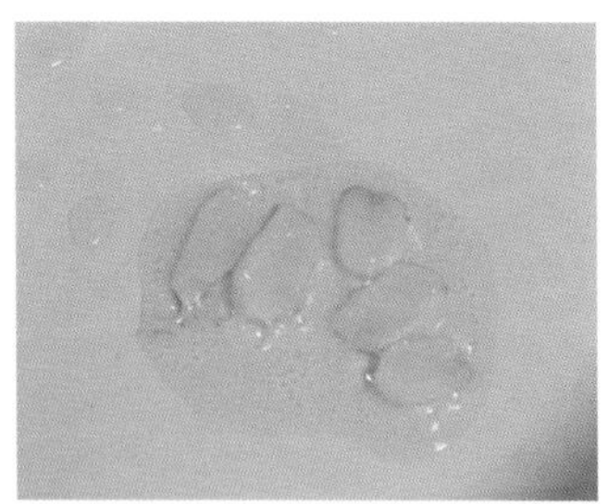

④ 锅内倒入油，放入姜片炒至金黄色。

⑤ 放入五花肉。

⑥ 大火炒至五花肉呈金黄色。

⑦ 放入辣白菜和葱段。

⑧ 翻炒至均匀即可出锅，最后撒上少许白芝麻。

韩国泡菜

泡菜在韩国已经不仅仅是一道餐桌上的地道菜品，而是韩国传统的代表，是一种文化的传承。

准备这些别漏掉

主料：

白菜1颗

苹果1个

梨了1个

辅料：

糯米粉50g

姜适量

蒜适量

调味料：

辣椒粉20g

盐适量

制作零失误

1. 泡菜要放入无油无水的密封容器里腌制，盒子的密封性一定要好。

2. 糯米粉可用面粉代替。

3. 抹辣椒糊时一定要戴上手套，既卫生也不会让辣椒粉刺激皮肤。

异国美味轻松做

1 白菜洗净沥干，在盆内撒入盐，腌至菜叶变湿软。

2 苹果、梨子去皮，榨成汁备用。

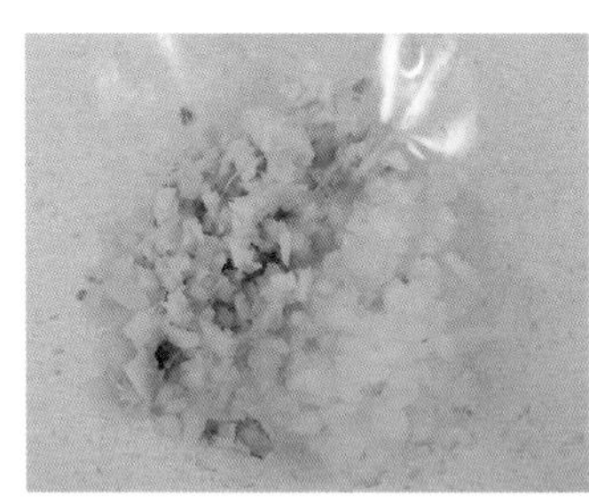

3 姜、蒜切末。

4 在锅内倒入糯米粉、苹果汁、梨汁拌匀，开中火煮至半熟。

5 倒入辣椒粉、姜、蒜，拌匀。

6 将腌制好的白菜挤去水份。

7 带上手套，将辣椒糊均匀的抹在白菜上。

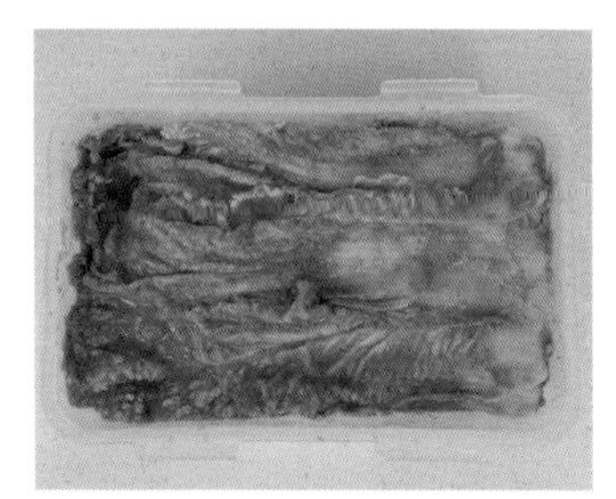

8 将抹匀的白菜放入密封盒中发酵 2~5 天即可。

豆渣泡菜饼

用黄豆制作豆浆所剩下的豆渣，营养丰富，丢掉非常可惜。发挥创意加入韩国最具代表性的泡菜，就能制作出一道颇有韩国风味的美食。

准备这些别漏掉

主料：

豆渣100g

泡菜50g

泡菜汁10g

鸡蛋1个

辅料：

面粉20g

葱花2根

辣椒2根

调味料：

盐少许

胡椒粉少许

制作零失误

1. 切泡菜时戴上手套不易使辣椒汁腌到手。

2. 面糊也可一次性倒入锅中煎成一大片，出锅后切片即可。

3. 可根据自己的口味放入合适的盐或糖。

异国美味轻松做

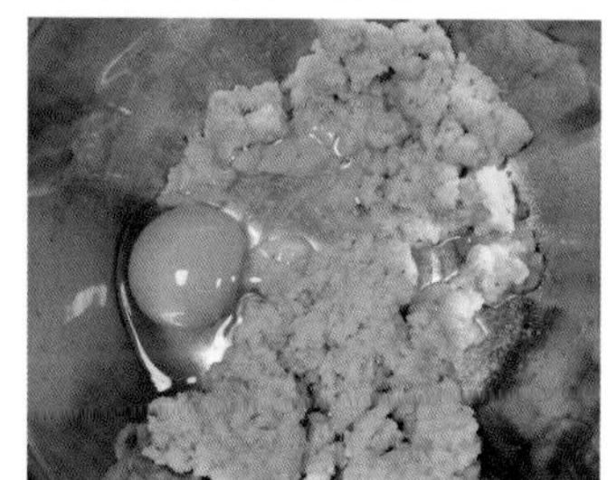

① 鸡蛋加入豆渣中拌匀。

② 取适量的泡菜，将其切碎。

③ 将泡菜倒入豆渣糊中。

④ 倒入一些腌泡菜的辣椒汁拌匀。

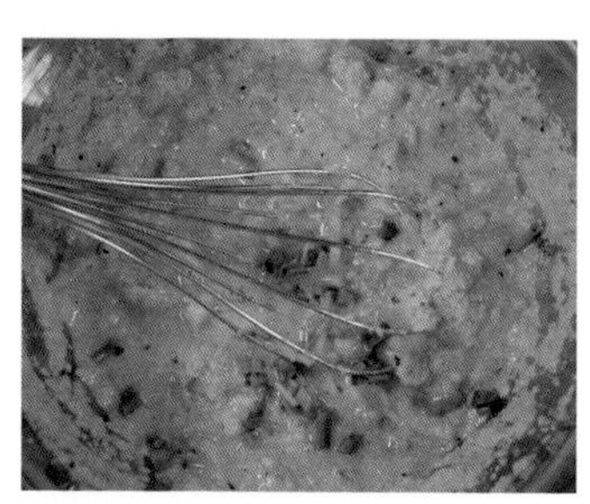

⑤ 葱花洗净切碎加入到面糊中，撒上胡椒粉和盐搅拌。

⑥ 向食材中筛入面粉，然后搅拌均匀。

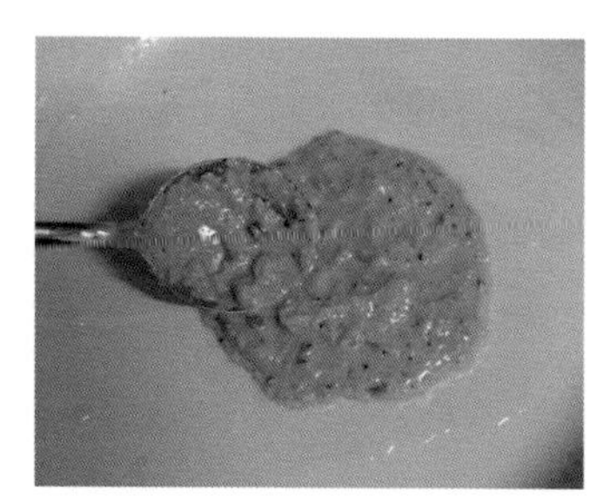

⑦ 平底锅中倒少许油，中火烧热后用勺子舀一勺面糊放入锅中摊平。

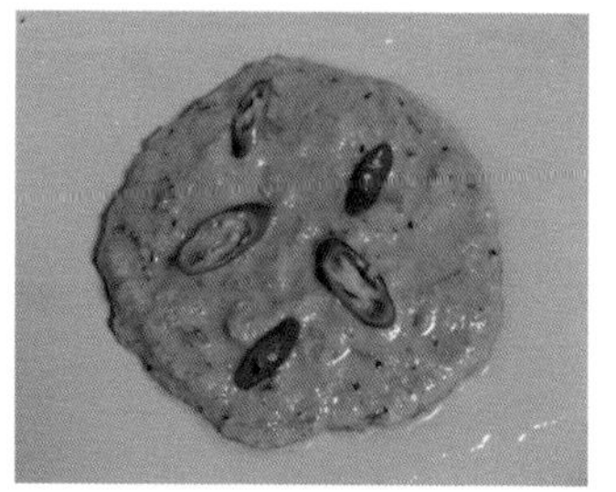

⑧ 辣椒切片，放在面糊上，煎至边缘变金黄，面饼起泡后翻面煎 2 分钟即可。

日韩料理常用食材与特殊用料

日韩料理中调料和辅料占有很重要的位置，例如日本料理中的味淋，韩国料理中的辣酱，都给菜肴的味道增加了分数。

常用食材

食材	特点	常用烹饪方式
三文鱼	三文鱼含有丰富的不饱和脂肪酸，能有效降低血脂和血胆固醇。	日本寿司
生鱿鱼	生鱿鱼含有丰富的蛋白质、钙、维生素等营养物质，也是高营养低脂肪的佳品。	生鱿鱼片
鸡蛋	鸡蛋含有丰富的优质蛋白质和人体所需的氨基酸等多种营养物质，能为人体提供热量。	水煮、煎蛋
土豆	土豆中含有淀粉和蛋白质，能让人产生饱腹感。其中含有的丰富膳食纤维，能促进肠胃蠕动。	土豆泥
胡萝卜	胡萝卜含有丰富的胡萝卜素，食用并进入肠道后会分解成维生素 A，能防治呼吸道疾病和夜盲症。	石锅拌饭
黄瓜	黄瓜富含蛋白质、维生素和矿物质，对皮肤有很好的美容作用，可以收缩毛孔和去除皱纹。	冷面

特殊用料

食材	特点	常用烹饪方式
味淋	味淋虽然没有糖那么甜，但是能充分给食物提鲜，有增加食物美味的作用。	加在清蒸类的料理中
木鱼花	木鱼花由珍贵的深海鲣鱼加工而成，不添加任何添加剂，是天然的调味品。	煮汤、撒在菜肴上
韩国辣酱	韩国辣酱呈红色，发酵时间越久颜色越深，味道也越香醇。含有丰富的维生素C，并有促进食欲的作用。	放入汤品中
韩国泡菜	韩国泡菜是一种主要用蔬菜来制作的发酵食品。其含有人体所需氨基酸，口感酸甜，易消化。	泡菜汤、佐饭
韩国拉面	韩国拉面筋斗有韧劲，方便食用，经常与韩国泡菜一起搭配食用，口味偏辣。	用滚水泡煮
紫菜	紫菜中的维生素 B12 含量很高，可以预防衰老和记忆力衰退。紫菜经常被制作成片状来食用。	紫菜卷

Chapter 3

热辣东南亚

感受来自热带雨林的热情风味

东南亚的热带风情，极好地融合在它的美食中，酸辣甜的口味，突显着当地特色的火辣和热情。种类繁多的特色香料，让食物充满无尽香气，让你在享受美味的同时体味齿颊留香的魅力！

印度苹果咖喱虾

浓郁的咖喱汤汁以及苹果的香气渗透进新虾的肉质中，让鲜和香完美结合。香气四溢的咖喱汁，拿来拌饭或拌面也是不错的选择。

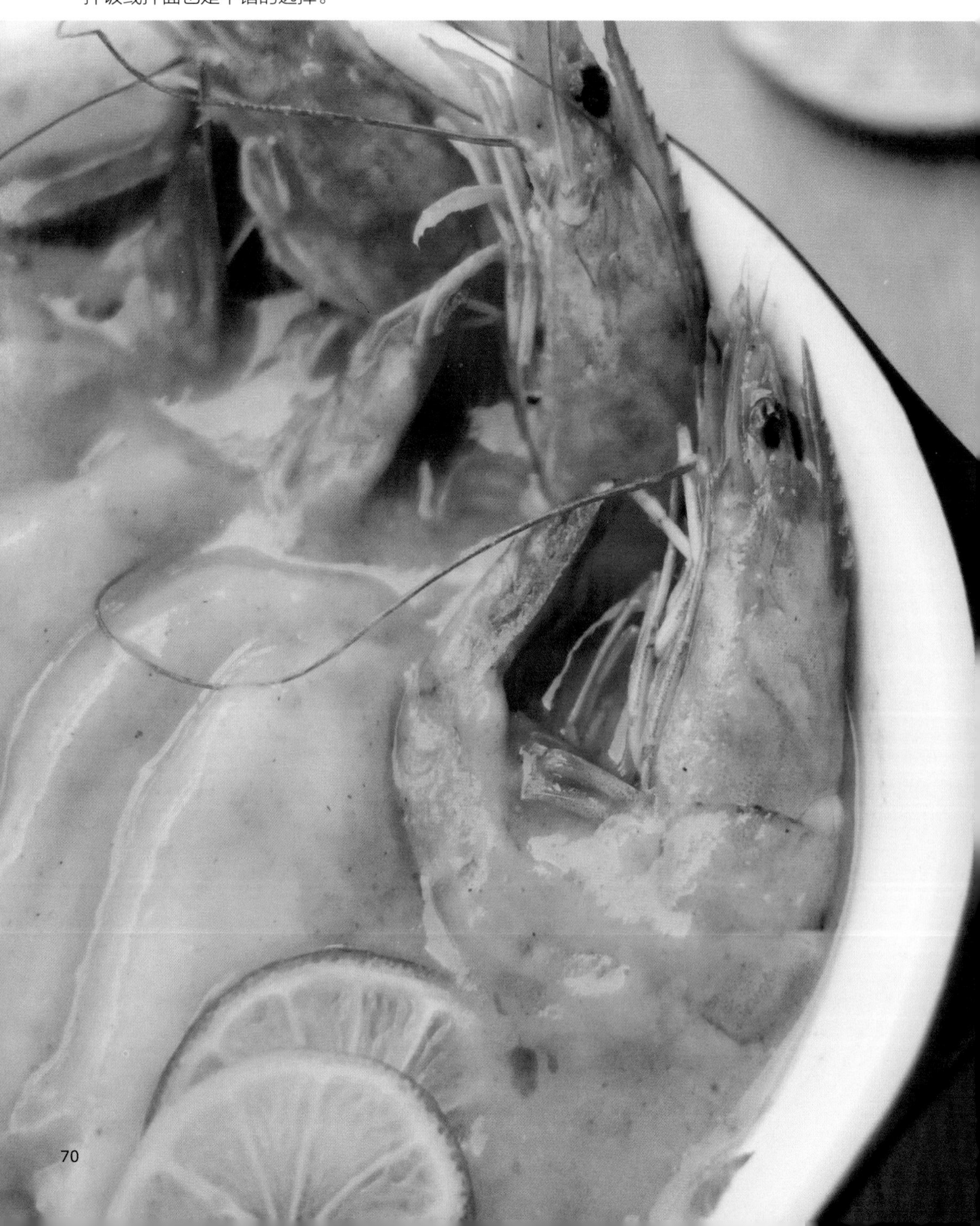

准备这些别漏掉

主料：

虾子6只

洋葱1/2个

苹果1个

辅料：

黄油20g

咖喱2块

水150g

椰浆20g

调味料：

盐少许

青柠1个

制作零失误

1. 虾适当减掉一些脚、须，虾背用刀开口去虾肠，还可以让虾更入味。

2. 苹果不用开火煮，只要和着刚刚煮开的咖喱汁搅拌即可。煮过的苹果软了口感和味道都不好。

3. 这道菜可以不用料酒，因为洋葱和咖喱足以去除腥味。

异国美味轻松做

1 洋葱洗净切成条。

2 锅内放入黄油，洋葱炒至稍透明。

3 加入咖喱块翻炒。

4 倒入水，中火烧开后转成小火。

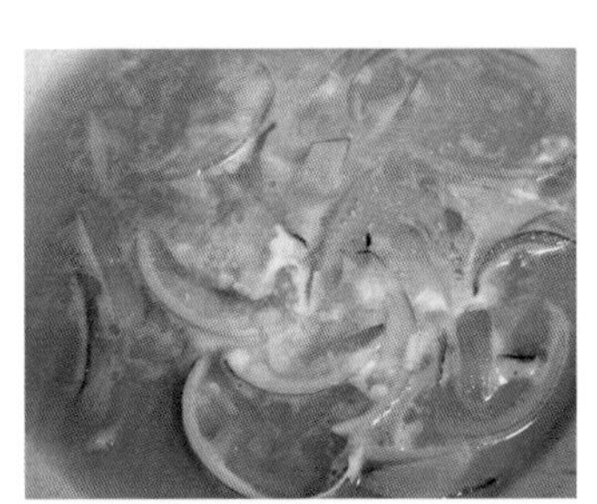

5 加入椰浆后煮至汤汁浓稠。

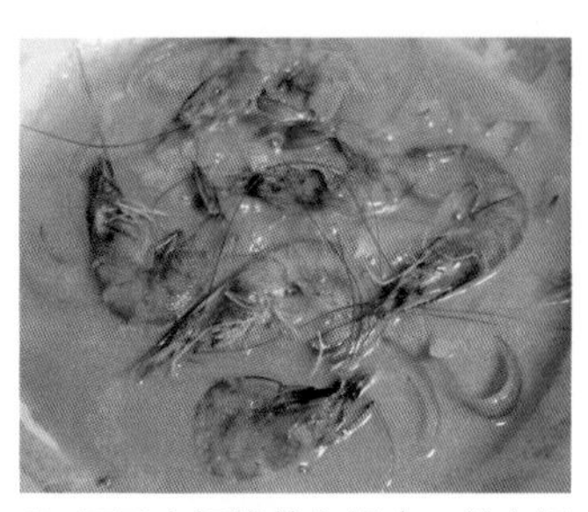

6 虾子去虾线放入锅内，盖上锅盖煮5分钟。

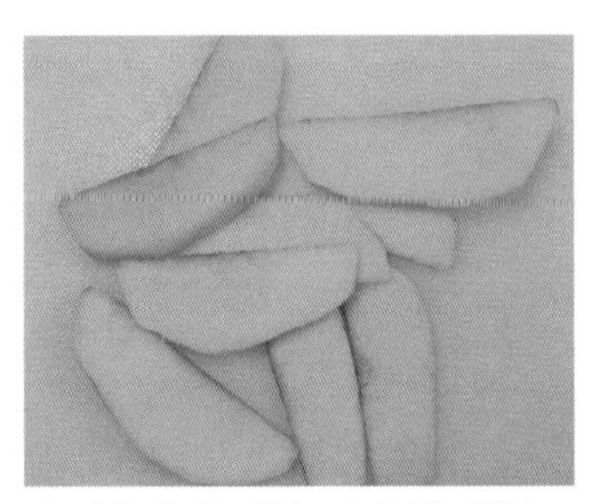

7 煮虾的同时削一个苹果，切片。

8 虾子煮熟后关火，放入苹果，挤几滴青柠汁拌匀即可。

印度咖喱土豆泥

咖喱土豆泥是一款营养丰富的印度菜肴，土豆能为人体提供满满的能量，其中富含的膳食纤维能促进肠胃蠕动，疏通肠道。

准备这些别漏掉

主料：

土豆1个

洋葱1/2个

椰浆10g

辅料：

黄油少许

水500g

调味料：

咖喱1小块

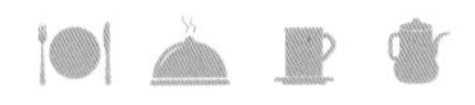

制作零失误

1. 咖喱本身有咸味，可先尝一下，再加盐。

2. 咖喱酱用中小火炒香，火太大容易烧焦。

3. 在咖喱酱中煮土豆泥，要不停搅拌，以免粘锅或不均匀。

异国美味轻松做

① 土豆去皮切成片。

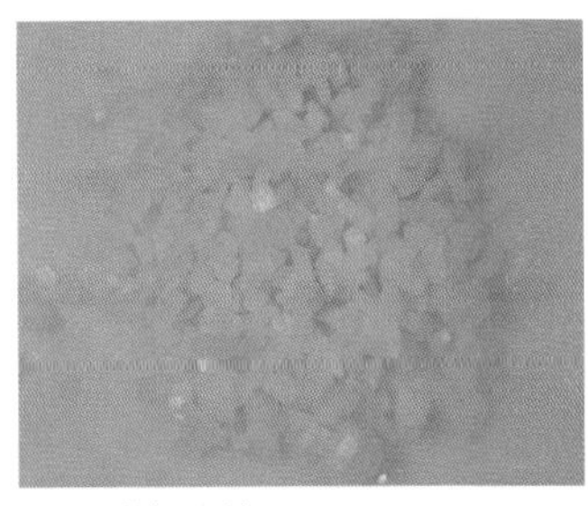

② 洋葱切小块。

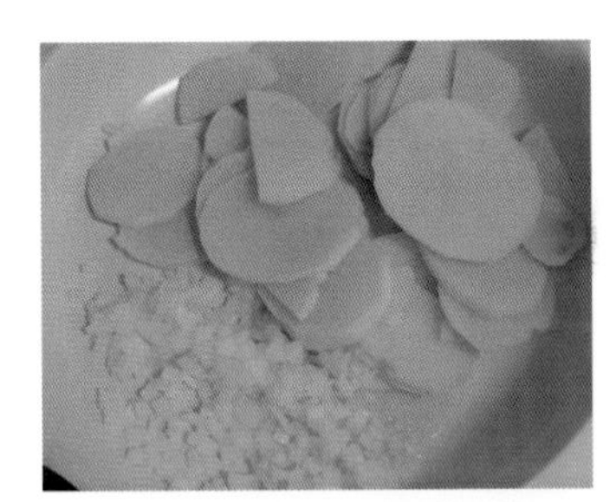

③ 锅中放入黄油，将土豆片和洋葱粒倒入锅中炒熟。

④ 加入水煮 5 分钟。

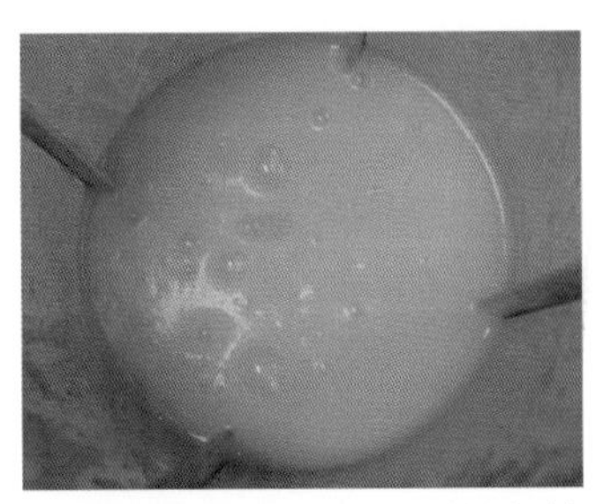

⑤ 将步骤 4 的材料倒入搅拌机搅拌成细腻无颗粒的土豆泥。

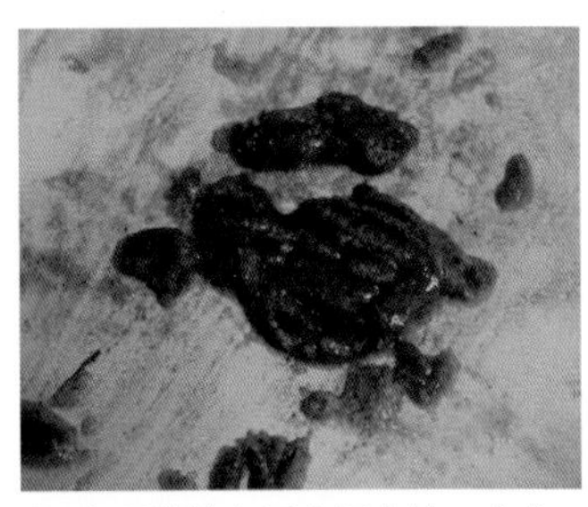

⑥ 咖喱酱放入平底锅中炒一会儿。

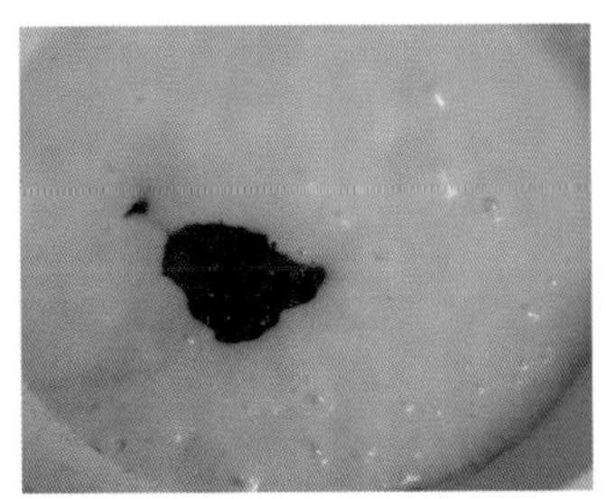

⑦ 加入土豆泥拌匀，煮至黏稠。

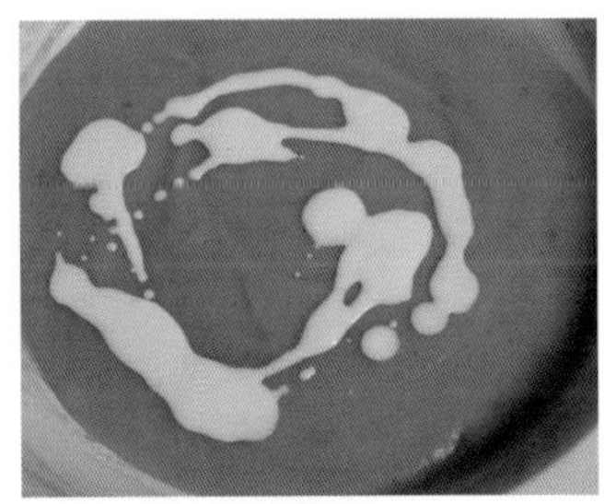

⑧ 加入椰汁拌匀即可。

印尼炸猪排咖喱饭

咖喱是印尼的家常调味料，外酥里嫩的猪排肥而不腻，淋上香气四溢的咖喱，吃起来回味无穷。

准备这些别漏掉

主料：

猪排1块

鸡蛋1个

面包糠80g

米饭1碗

辅料：

淀粉80g

油适量

咖喱2块

胡萝卜100g

土豆200g

青豆100g

鲜香菇3个

调味料：

盐少许

酱油少许

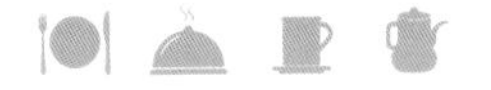

制作零失误

1. 猪排浮起既熟。

2. 最好选择无筋膜的猪排或里脊肉。

3. 煮咖喱时控制好火候，太大火容易使咖喱烧焦。

异国美味轻松做

① 猪排用刀背拍松，撒少许盐和酱油腌制两小时。

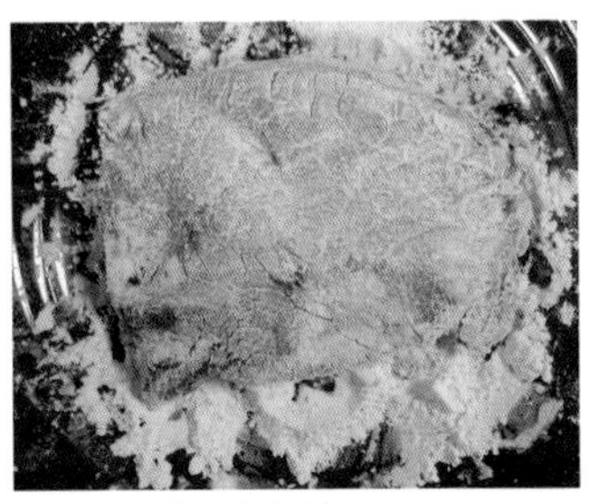

② 将猪排裹满淀粉。

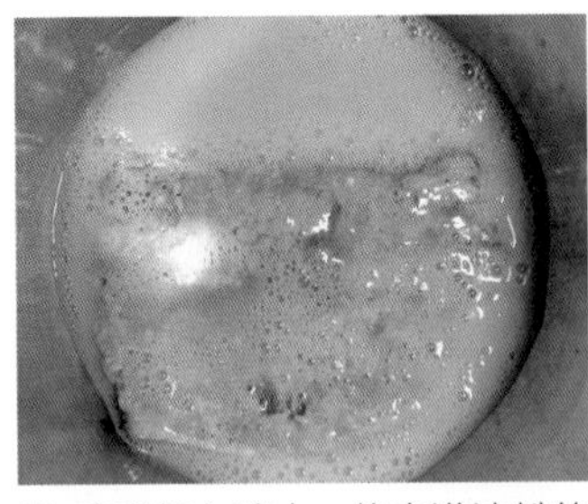

③ 鸡蛋打入碗中，将裹满淀粉的猪排浸入蛋液。

④ 捞出后蘸上面包糠。

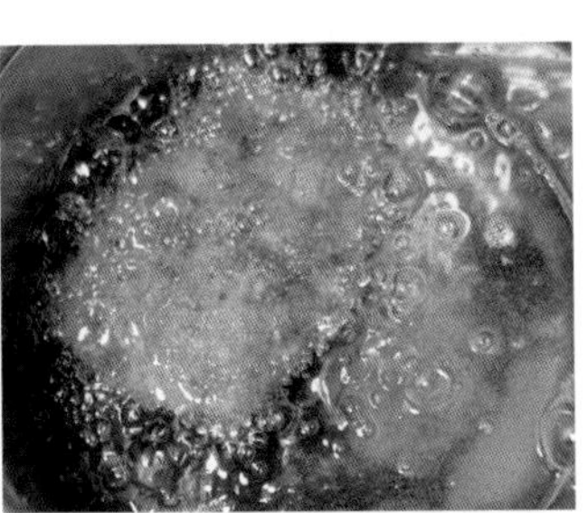

⑤ 锅内倒入油，烧至190℃后放入猪排，炸至两面金黄，猪排浮起后捞出滤干油。

⑥ 加入蔬菜，煮好咖喱。

⑦ 猪排用刀切成条。

⑧ 摆入装有米饭的盘中，浇上煮好的咖喱。

越南鸡肉粉

越南鸡肉粉久负盛名，可以在越南河内的街头随处买到。当地人喜欢在河粉中滴入几滴柠檬汁，给鲜美的鸡肉粉增添一缕清香。

准备这些别漏掉

主料：

鸡肉100g

河粉200g

辅料：

葱花2根

香菜2根

红辣椒2根

调味料：

鱼露20g

柠檬汁5g

白砂糖5g

盐少许

制作零失误

1. 可根据个人喜好加入少许薄荷叶。

2. 在鸡肉粉中加入新鲜柠檬汁，增添一缕清香，更爽口。

3. 掌握煮河粉的时间，不要过长，河粉会烂掉。

异国美味轻松做

① 锅中加水，放入鸡肉。

② 鸡肉煮熟，煮至汤汁变金黄。

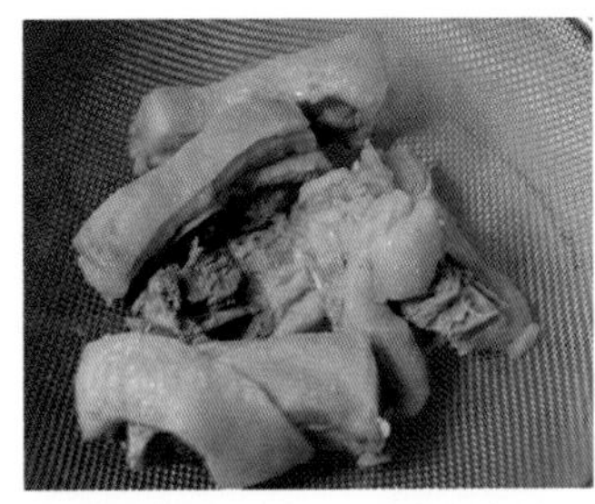

③ 将鸡肉捞出凉冷后撕成小块，鸡汤待用。

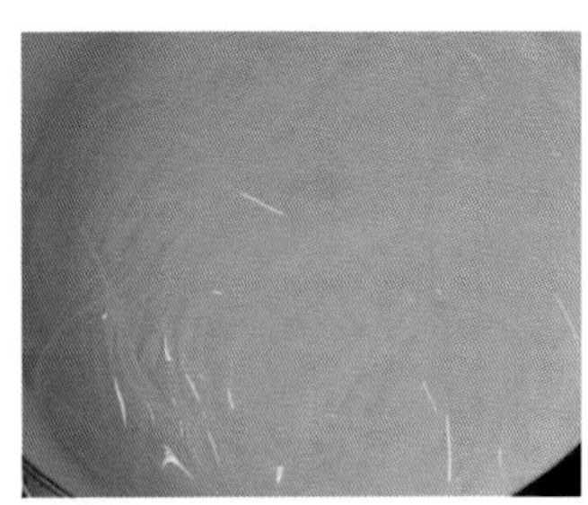

④ 用清水将河粉煮熟。

⑤ 捞出河粉滤干后待用。

⑥ 红辣椒切小段，葱花和香菜切碎。

⑦ 鱼露加柠檬汁、白砂糖、红辣椒、盐拌匀后倒入鸡汤中。

⑧ 将煮好的河粉装入碗中，撒上葱花和香菜，倒入鸡汤即可。

越式香茅烤鱼

香茅是越南烹饪必不可少的香料，搭配肉质细嫩的罗非鱼，不仅给鱼肉增加香气，还对风湿、偏头痛等有很好的疗效。

异国美味轻松做

① 罗非鱼洗净，去掉肚中杂物，身上切几条口。

② 在鱼的表面和内部抹上盐、胡椒粉和孜然粉。

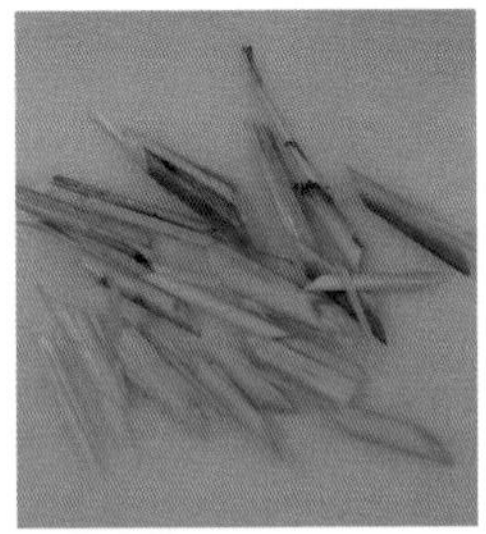

③ 香茅切小段。

④ 在鱼肚里塞入香茅和姜片。

⑤ 用锡纸包好整条鱼。

⑥ 放入烤箱，170℃烤10 分钟。

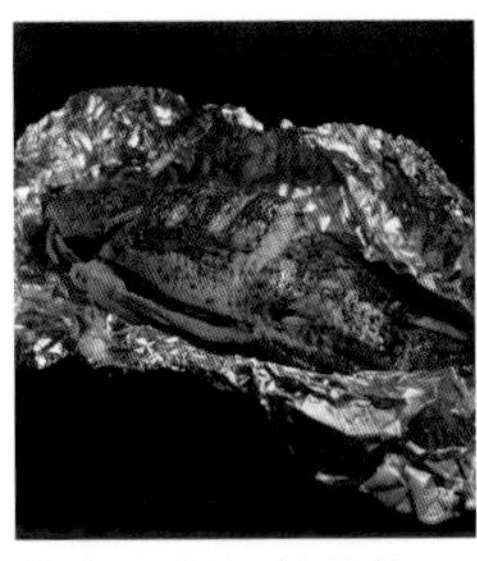

⑦ 打开锡纸继续烤 10 分钟。

⑧ 鱼露加柠檬汁和白砂糖，红辣椒切小段放入，做成蘸酱。

准备这些别漏掉

主料：罗非鱼 1 条

辅料：香茅 5 根、姜 5 片、红辣椒 2 根

调味料：胡椒粉少许、孜然粉少许、盐少许、鱼露 20g、柠檬汁 5g、白砂糖 5g

制作零失误

1. 打开锡纸继续烤可有外酥里嫩的口感。
2. 给鱼涂上调味料后，可稍微腌制一会儿，更入味。
3. 蘸酱可根据个人口味调整。

100%
CHIN-SU

越南法棍

低难度

20 分钟

1 人份

法棍是一种营养丰富的传统法式面包，表皮松脆，充满浓郁的麦香味。越南法棍在传统法式的基础上改良创新，口感独特美味。

异国美味轻松做

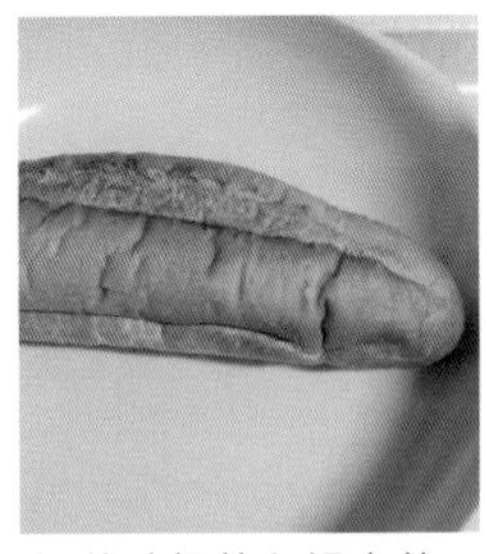
① 将法棍放入锅中煎一小会儿，使表皮酥脆。

② 用刀在法棍中间横划一刀。

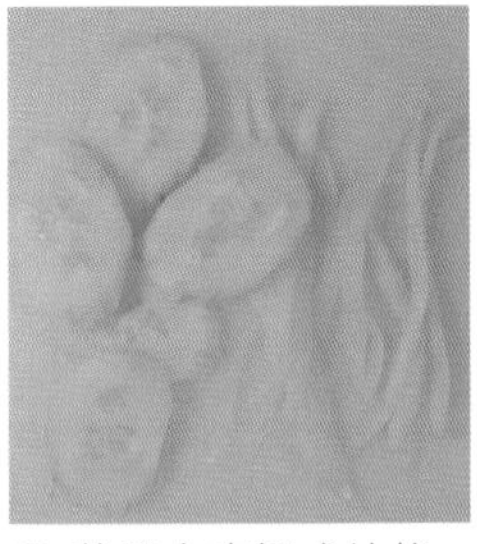
③ 黄瓜去皮切成片状，木瓜酸切丝。

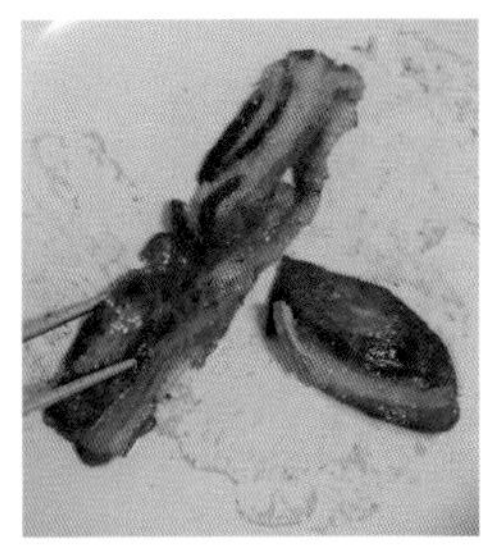
④ 培根放入锅中煎至边缘微脆。

⑤ 将黄瓜平铺在法棍中。

⑥ 再依次加入培根和木瓜酸。

⑦ 鸡蛋煮熟，切成片放入法棍中。

⑧ 挤上越南口味辣椒酱。

准备这些别漏掉

主料：法棍 1 个、培根 2 片、鸡蛋 1 个

辅料：黄瓜 1/2 根、木瓜酸 2 片

调味料：越南辣椒酱少许

制作零失误

1. 法棍用烤箱烤一下更酥脆。
2. 黄瓜是否去皮可根据个人口味。
3. 若不吃辣，可将辣椒酱换成偏甜口味的酱料。

越式春卷

春卷也是中国人常吃的一道菜品，但是受到不同国家文化的影响，使之又产生了别具一格的风味，值得一尝。

准备这些别漏掉

主料：

虾子8只

鸡蛋1个

生菜4片

黄瓜少许

胡萝卜少许

辅料：

越南米纸4张

调味料：

鱼露少许

青柠少许

制作零失误

1. 浸泡米纸的水温不能太高，也不能泡在水里太久，容易破。

2. 做好的春卷如果不马上食用，可用保鲜膜覆盖，以免变干。

3. 若春卷干了，可抹一些水在米纸上，恢复口感。

异国美味轻松做

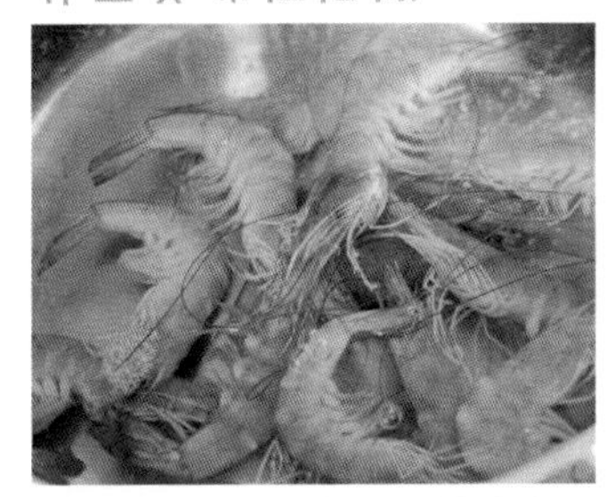

① 虾子去虾线，放入有姜的水里煮熟。

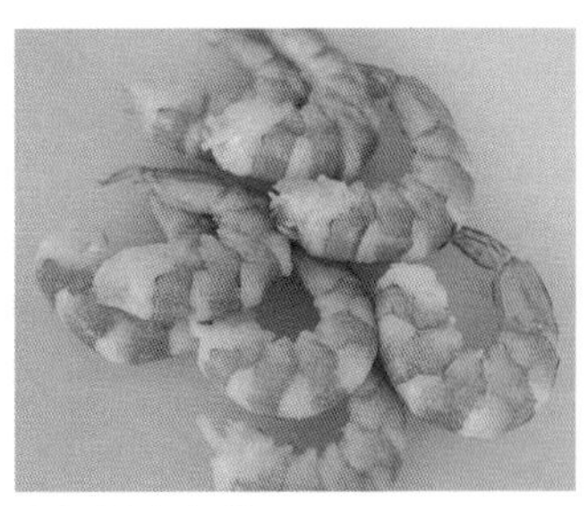

② 剥出虾仁待用。

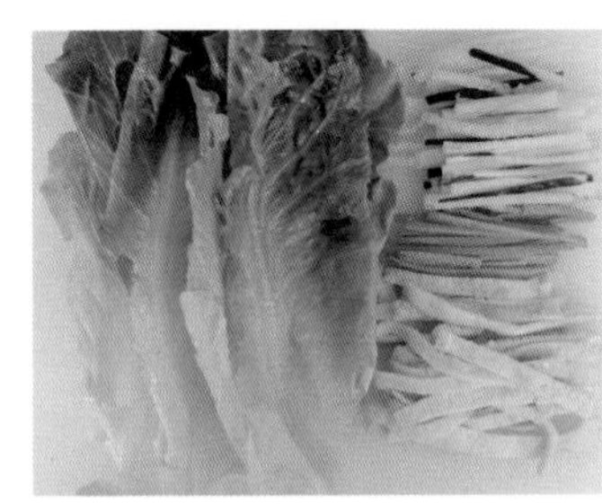

③ 生菜洗净，黄瓜、胡萝卜、蛋饼切成丝。

④ 米纸用温水泡软。

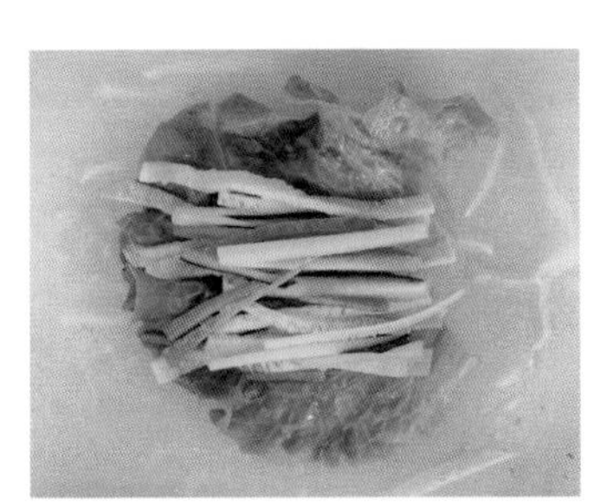

⑤ 摊平米纸，放入两块虾仁，铺上生菜、黄瓜、胡萝卜、蛋饼丝。

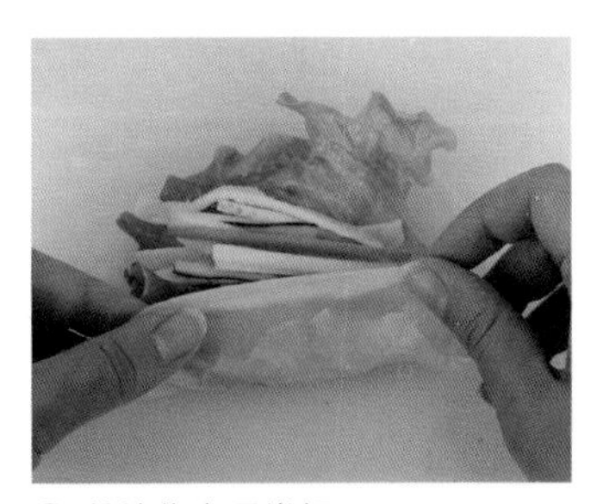

⑥ 从边缘向里卷起。

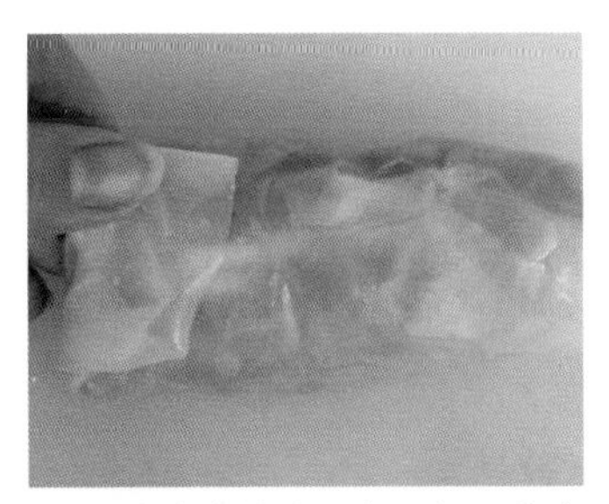

⑦ 两边多余的米纸向后折，将春卷切成两半摆盘。

⑧ 用鱼露混合一些青柠做酱碟，蘸食即可。

泰式炒河粉

泰式炒河粉是游客心中人气很高的地道美食。河粉虽源自于中国，但是经过泰国口味的改良，让其独具泰国特色。

异国美味轻松做

① 河粉煮熟后滤干。

② 锅中放入蒜蓉煎熟。

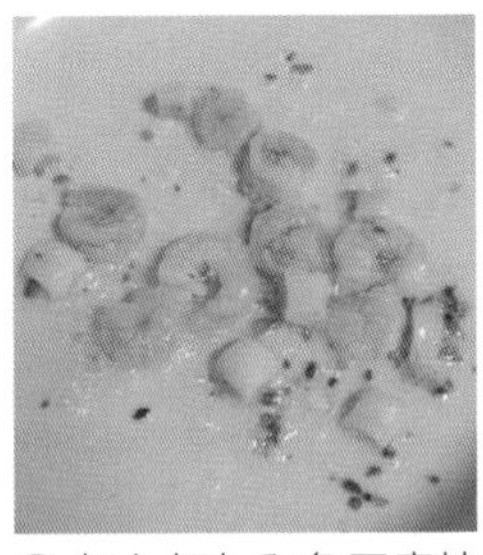
③ 加入虾仁和鱼豆腐炒熟。

④ 将虾仁和鱼豆腐刮到锅边，打一个鸡蛋。

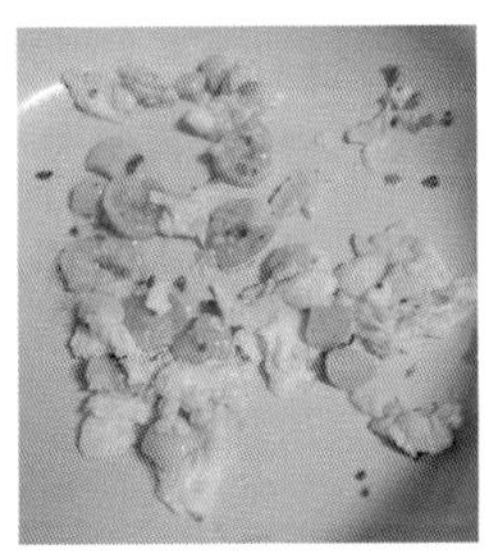
⑤ 待鸡蛋基本凝固以后和虾仁、鱼豆腐，加盐炒匀。

⑥ 倒入滤干的河粉。

⑦ 加入酱油、鱼露和白砂糖，用筷子拌匀。

⑧ 放入豆芽和小葱段，挤少许柠檬汁，出锅后撒一把碎花生米即可。

主料：河粉 200g、虾仁 80g、鱼豆腐 100g、鸡蛋 1 个

辅料：大蒜适量

调味料：酱油适量、鱼露 20g、白砂糖 5g

制作零失误

1. 根据个人口味调整调味料用量。
2. 控制火候，用中小火煎炒。
3. 用锅铲炒河粉易使河粉断开，可用筷子代替。

泰式鲜虾粉丝

虾和鱿鱼含有丰富的营养物质，可给人体补充优质的蛋白质，虾中含有丰富的镁，对心脏活动起到很好的调节作用。

准备这些别漏掉

主料：

粉丝1把

虾子6只

鱿鱼1条

辅料：

洋葱1/2个

番茄1个

红甜椒1/2个

调味料：

酱油5g

鱼露10g

白砂糖5g

料酒2g

青柠1个

薄荷叶3片

胡椒粉适量

制作零失误

1. 粉丝不宜煮过久，烫一下就好。

2. 粉丝煮好后放入冷水中浸泡一会儿，更有弹性。

3. 想吃辣的可以撒上辣椒粉。

异国美味轻松做

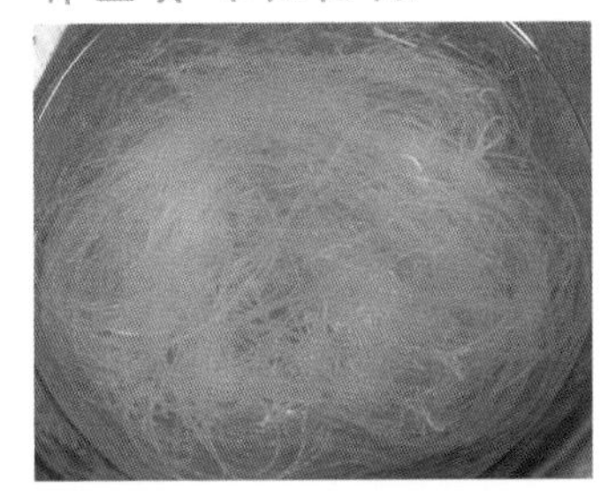

① 粉丝用热水泡软后放入锅内煮3分钟。

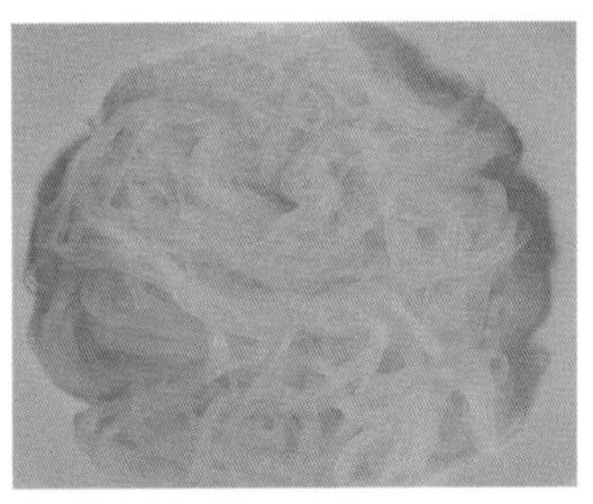

② 捞出滤干放入碗中。

③ 洋葱和红甜椒切条，番茄切成小粒。

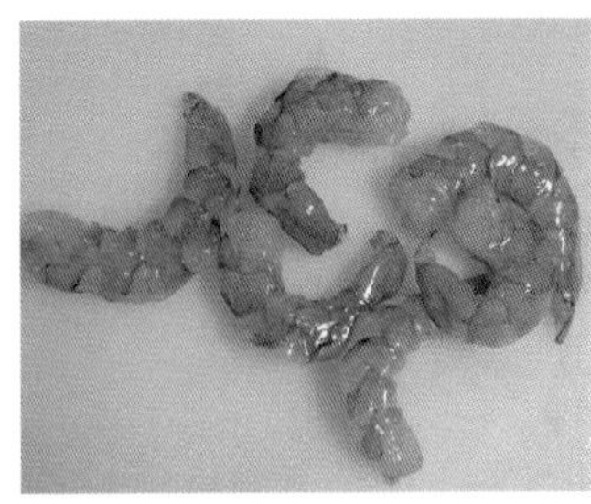

④ 虾子去壳和虾线，在虾背处轻轻割一刀，不要切断。

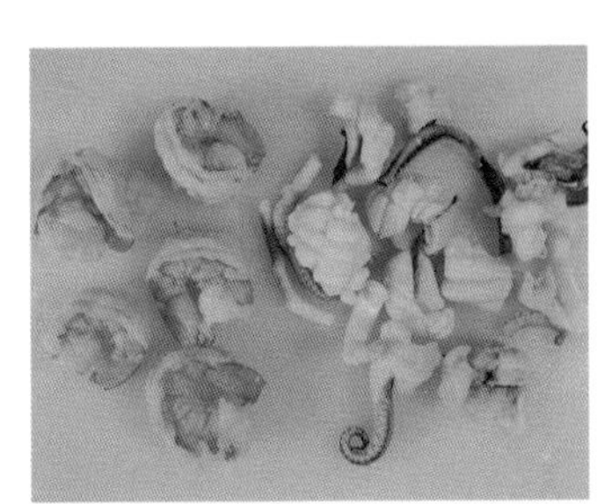

⑤ 鱿鱼切小块，将虾子和鱿鱼放入锅中焯熟滤干。

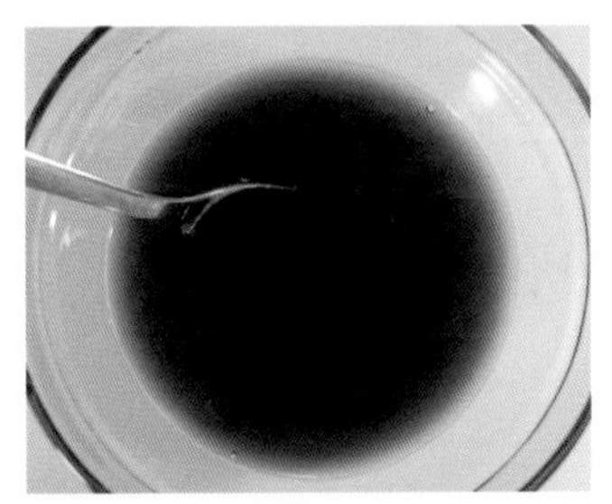

⑥ 酱油加入鱼露、白砂糖和料酒拌匀。

⑦ 将步骤3、5、6中材料倒入粉丝中拌匀。

⑧ 加入薄荷叶、青柠片，撒少许胡椒粉，放入冰箱冷藏半小时即可。

柠檬叶香茅烤猪颈肉

柠檬叶和香茅的清新香味搭配小辣椒，做出极具泰国特色的菜品。只要跟着以下的步骤操作，也可以轻轻松松烤制出精致而美味的泰国大餐。

准备这些别漏掉

主料：

猪颈肉500g

辅料：

香茅2根

柠檬叶3片

姜2片

红辣椒2根

调味料：

鱼露50g

白砂糖10g

生抽5g

制作零失误

1. 猪颈肉在腌制时不用放太多酱料，避免过咸。

2. 翻面烤制时，需要再涂一层酱料。

3. 蘸料中加入柠檬汁可缓解油腻，增进食欲。

异国美味轻松做

① 香茅洗净切成小段。

② 柠檬叶洗净，姜切丝，红辣椒切段。

③ 鱼露加白砂糖和生抽拌匀。

④ 将步骤 1、2 的材料放入鱼露酱料里。

⑤ 放入猪颈肉腌制半小时。

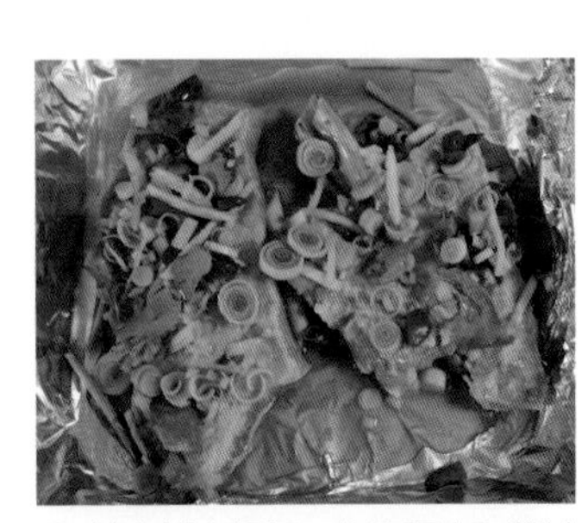

⑥ 烤盘铺上锡纸，将猪颈肉和酱料一起放入烤盘中。

⑦ 放入烤箱中 180℃烤 20 分钟。

⑧ 取出翻面再继续烤 10 分钟，待稍冷后切片即可。

甜辣酱炸鱿鱼须

甜甜辣辣的酱料是泰式小吃的必备品，也是最能突显其特色的口味。鱿鱼中脂肪含量低，但是胆固醇较高，所以高血脂人群要慎食。

异国美味轻松做

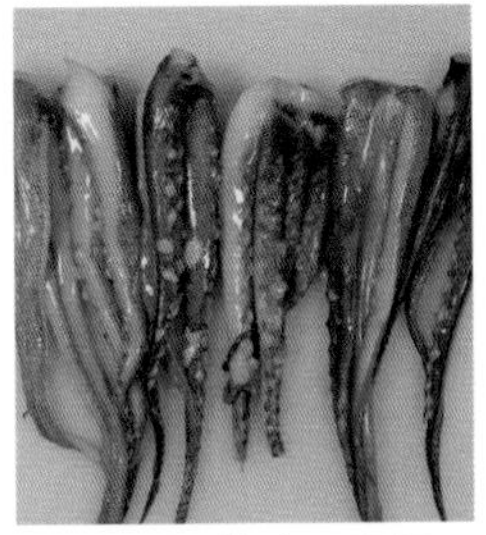

① 鱿鱼切掉头，留须，将鱿鱼须洗净。

② 将鱿鱼放入装有鱼露、料酒和青柠汁的碗里腌 15 分钟。

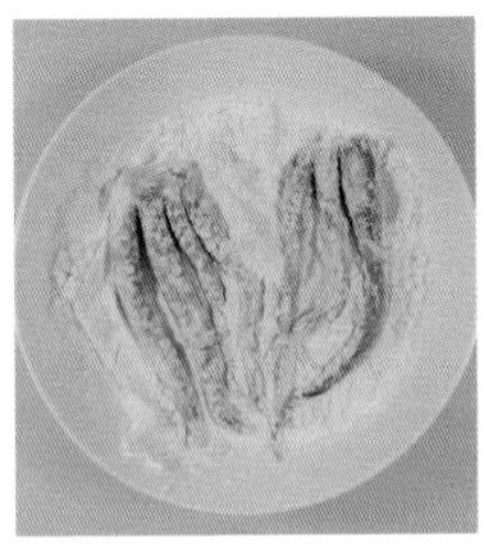

③ 将鱿鱼须滤干，用面粉裹匀。

④ 鸡蛋放入碗里打散，将裹满面粉的鱿鱼须蘸上蛋液。

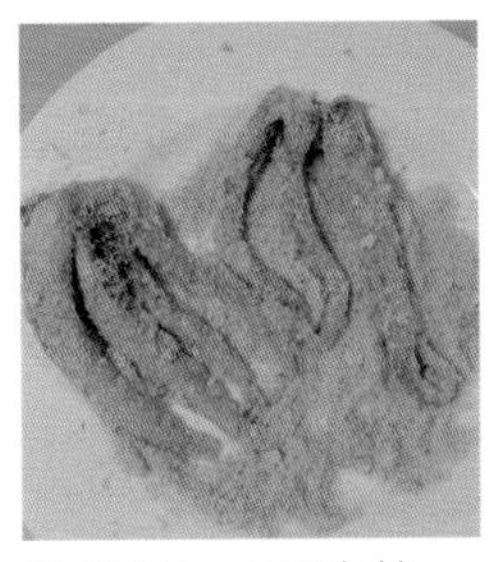

⑤ 再裹上一层面包糠。

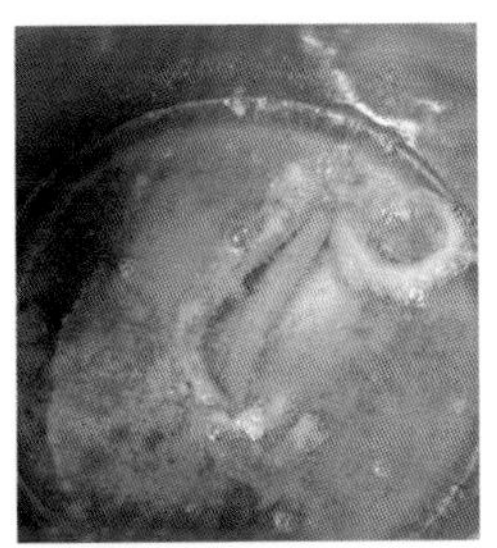

⑥ 锅中加入油，小火烧热至 7 成热，放入鱿鱼须。

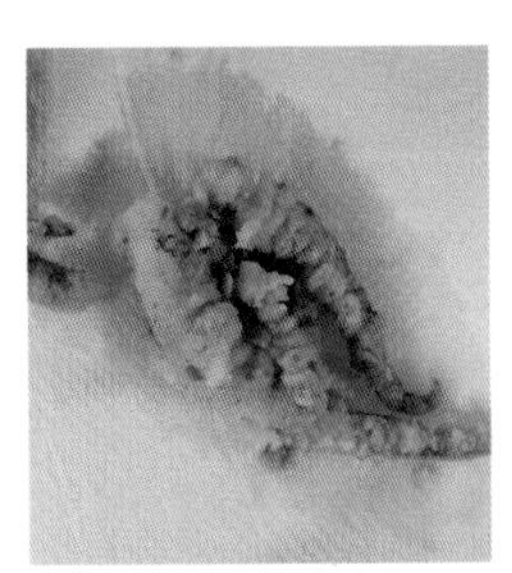

⑦ 炸成金黄后捞出放在厨房纸上，吸去多余油分。

⑧ 趁热倒入泰式甜辣酱拌匀即可。

准备这些别漏掉

主料：鱿鱼 2 条、鸡蛋 1 个、面包糠 100g

辅料：面粉 100g、油适量

调味料：鱼露 15g、料酒少许、青柠 1 个、甜辣酱适量

制作零失误

1. 油的分量以淹没过鱿鱼为佳。
2. 鱿鱼很容易熟，油炸时间不宜过久。
3. 炸时油温不宜过低，不然会使鱿鱼吸入过多油分而变得油腻且不脆口。

绿咖喱冬瓜鸡爪汤

中难度

30 分钟

2 人份

在泰国这是一道家喻户晓的菜式，绿咖喱相对于黄咖喱口味偏甜，辛辣味较弱，用来制作冬瓜鸡爪汤再合适不过了。

异国美味轻松做

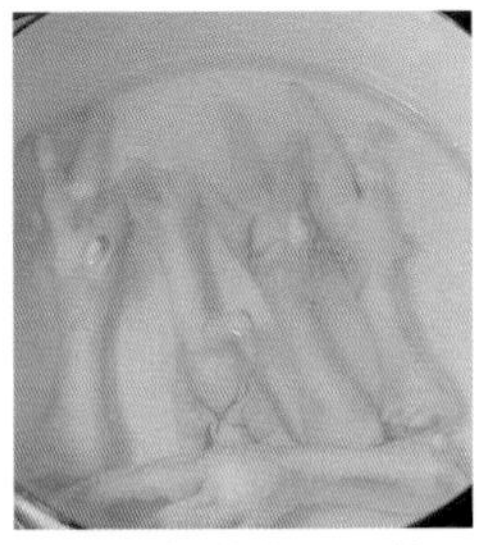
① 鸡爪切掉指甲，放入锅中煮 10 分钟后捞出滤干。

② 绿咖喱放入锅中炒香。

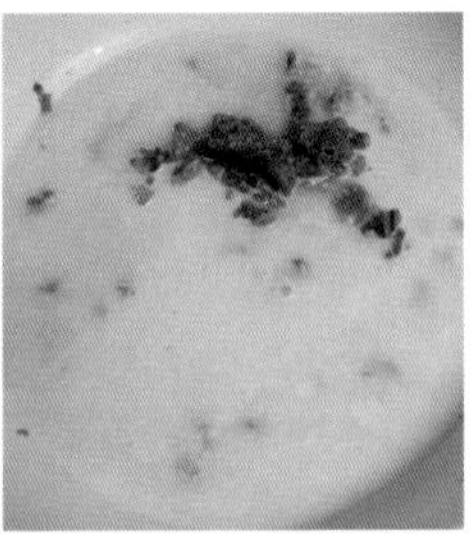
③ 加入水和椰浆。

④ 拌匀后中火煮开。

⑤ 加入洗净的柠檬叶。

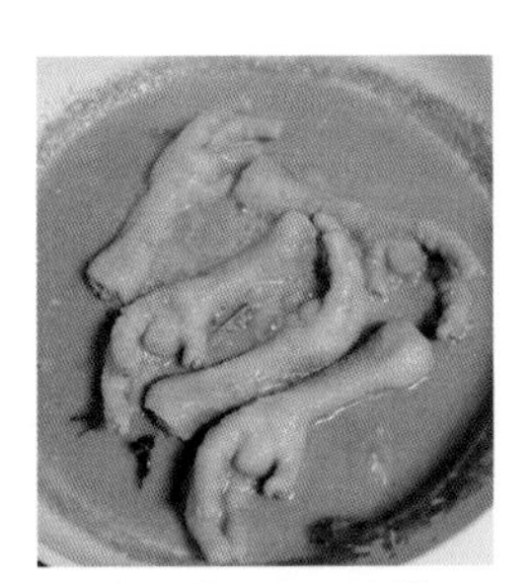
⑥ 放入鸡爪煮 5 分钟。

⑦ 加入切块的冬瓜和红辣椒，盖上锅盖中火煮至冬瓜变软。

⑧ 关火后加鱼露、青柠汁和少许白砂糖拌匀。

准备这些别漏掉

主料：鸡爪 5 个、冬瓜 300g

辅料：绿咖喱 80g、椰浆 120ml、水 400ml、柠檬叶 4 片、红辣椒 2 个

调味料：鱼露 10ml、青柠 1 个、白砂糖 5g

制作零失误

1. 做好后的绿咖喱汤还可用来煮米线。
2. 鸡爪先煮过可使鸡爪变软烂，口感更好。
3. 根据个人口味，把握水和椰浆的比例。

泰国冬阴功汤

冬阴功汤是世界十大名汤之一，是最能代表泰国的一道名菜。这款汤品呈红色，汤味浓郁，酸辣十足。

准备这些别漏掉

主料：

西红柿1个

口菇5个

虾子5只

椰浆200ml

辅料：

香茅1/2根

南姜3片

红辣椒1根

柠檬叶4片

清水500ml

调味料：

青柠1个

鱼露10ml

冬阴功酱50g

制作零失误

1. 汤里不用放盐，咸度可用鱼露调节。

2. 虾要炖得久一点，柠檬不要选黄柠檬，使用青柠檬。

3. 青柠不要放皮和籽，会使汤变苦。

异国美味轻松做

① 香茅、红辣椒切段，南姜去皮切片，西红柿切块。

② 将步骤1的材料放入水中，加入柠檬叶。

③ 加入冬阴功酱，中火煮5分钟。

④ 口菇洗净切片。

⑤ 汤中放入虾子，大火煮开。

⑥ 放入口菇，煮至口菇缩水变小。

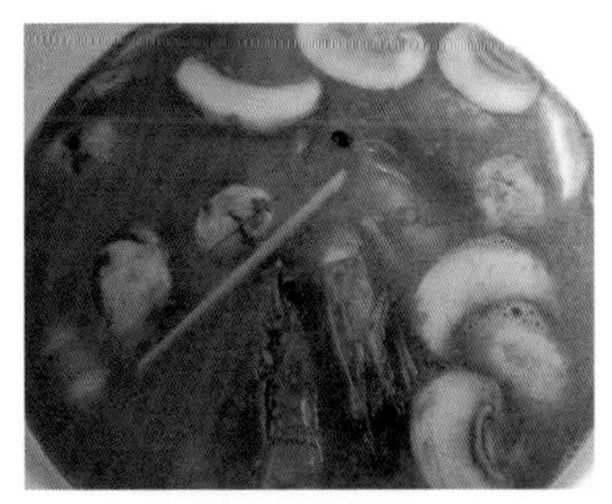

⑦ 加入椰浆拌匀后关火。

⑧ 加入鱼露，挤入青柠汁即可。

新加坡叻沙面

中难度

30 分钟

2 人份

这款极能表现新加坡文化的地道食物，秘诀在于特色调料调出的美味汤底，这也是新加坡与华人文化交融的产物。

异国美味轻松做

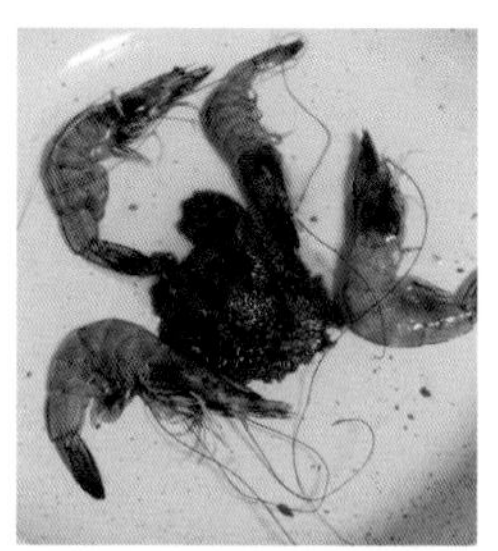
① 虾子去虾线，平底锅加入叻沙膏和虾子一起炒。

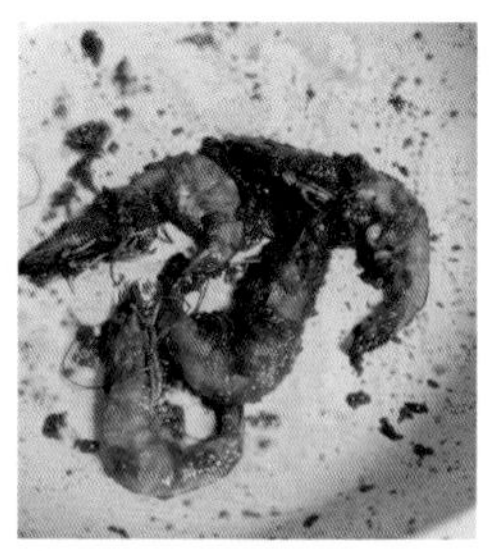
② 炒至虾子变色，叻沙膏爆出香味。

③ 加入椰浆和水拌匀，中火煮 5 分钟。

④ 豆腐泡、豆芽和鱼蛋放入锅中煮熟捞出。

⑤ 黄瓜切丝，红辣椒切成段。

⑥ 将米粉煮熟捞出放入碗中。

⑦ 加入豆腐泡、豆芽、鱼蛋、黄瓜丝和红辣椒，熟鸡蛋。

⑧ 将煮好的叻沙汤和虾子倒入碗中。

准备这些别漏掉

主料：虾子 4 只、豆芽 1 把、鱼蛋 3 颗、豆腐泡 3 个、黄瓜 1 小节、红辣椒 2 个、米粉 200g、鸡蛋 1 个

辅料：清水 500ml、椰浆 150ml

调味料：叻沙膏 30g

制作零失误

1. 虾子和叻沙膏先爆炒一下会使汤更香浓。
2. 米粉选用粗米粉口感会更好一些。
3. 没有椰浆可以用牛奶代替，但味道会稍逊色一些。

新加坡咖椰吐司

咖椰是用鸡蛋等食材和香料制作的当地风味酱料，咖椰涂在吐司上，搭配出一款广受新加坡人喜爱的早餐小吃。

异国美味轻松做

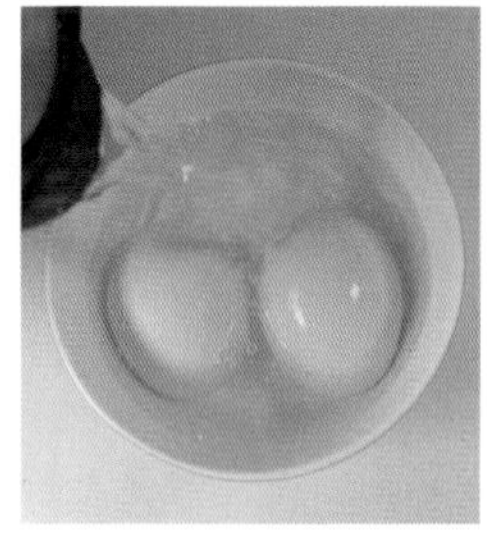

① 水烧开，倒入装有鸡蛋的碗里，水要没过鸡蛋，用盖子盖上焖 15 分钟。

② 吐司放入烤箱，170℃烤 5 分钟。

③ 切掉吐司四周。

④ 抹上咖椰酱。

⑤ 黄油切成片。

⑥ 将黄油片放在两片吐司中间。

⑦ 盖上另一片吐司，切成两半。

⑧ 取出焖熟的鸡蛋打入碗里，倒少许酱油，撒上胡椒粉即可。

主料：鸡蛋 2 个、吐司 2 片

辅料：黄油 1 片

调味料：咖椰酱、酱油、胡椒粉适量

制作零失误

1. 配上一杯奶茶或咖啡更香浓。

2. 咖椰酱由椰子、鸡蛋、糖和班兰叶所制成，连同烤土司或者面包一起吃，香甜酥脆。

3. 可以加入斑斓叶等香料增加香味。

椰子三文鱼头汤

椰子在东南亚是常见的水果，而马来人用它研发制作出了许多具有特色的美食，受到来自不同国家游客的赞扬，椰子炖汤也是他们的美食必杀技！

准备这些别漏掉

主料：

椰肉50g

三文鱼头1个

水豆腐100g

辅料：

水适量

香菜10g

调味料：

料酒适量

盐适量

制作零失误

1. 煎鱼头时煎好一面再煎另一面，不要翻动次数太多以免鱼肉散掉。

2. 为了让鱼头入味，也可提前用盐、姜丝和料酒腌制 15 分钟。

3. 放入豆腐炖煮时不用翻动太多，以免豆腐碎掉。

异国美味轻松做

① 从椰子里割下椰肉，切片。

② 锅中倒入少许油，放三文鱼头中火煎制。

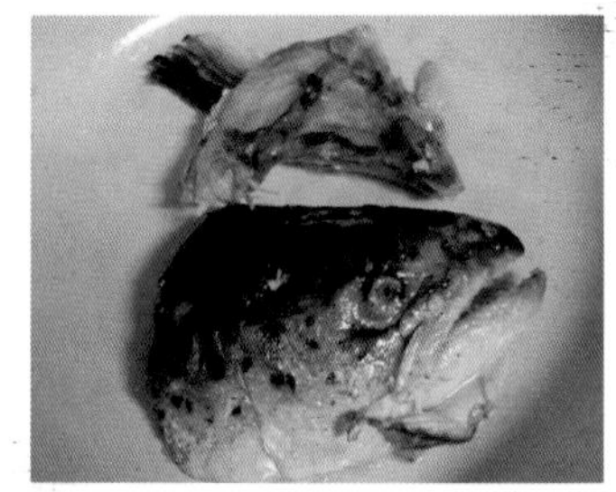

③ 煎好一面后再翻另一面煎熟。

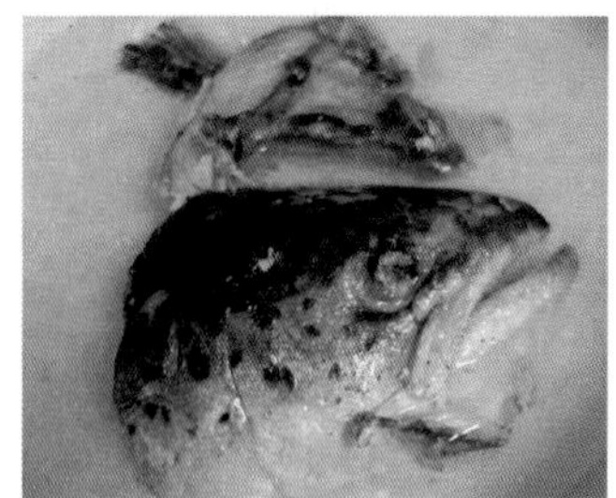

④ 煎至表面金黄后倒入水。

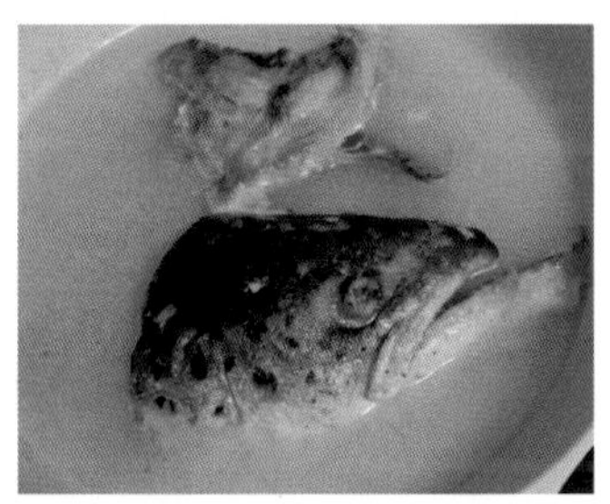

⑤ 大火煮至汤汁变白。

⑥ 将鱼头汤倒入砂锅中，放入椰肉。

⑦ 再倒入切块的水豆腐和料酒炖半小时。

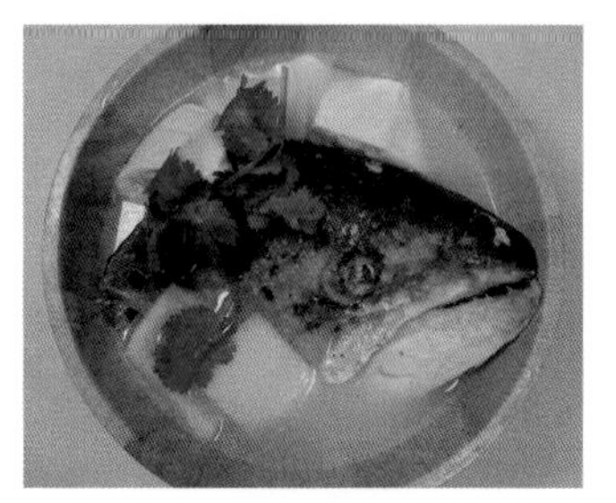

⑧ 关火后放盐，香菜即可。

马来西亚肉骨茶

中难度

50 分钟

3 人份

肉骨茶是一种骨肉兼饮的饮食方式，在熬煮中会用到多种调料和药材，所以肉质和汤水会透出或浓或淡的药材味，边吃肉边养生。

异国美味轻松做

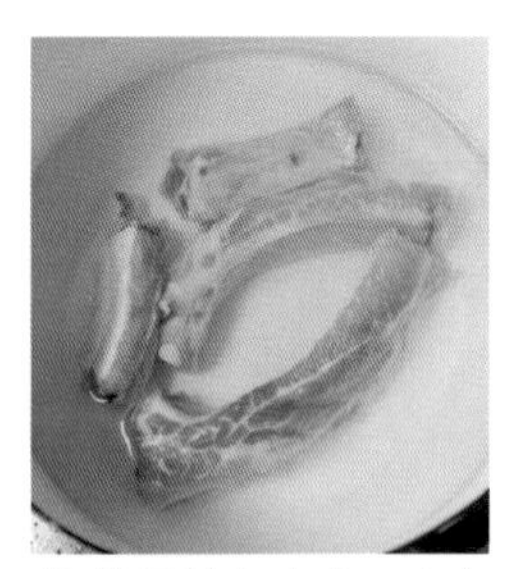

① 排骨放入水中，大火煮开后转小火。

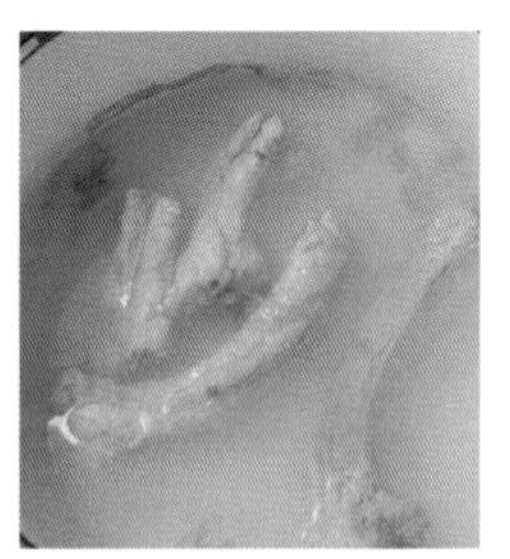

② 煮 10 分钟后将排骨捞出，撇净浮沫。

③ 放入八角、黑枣、枸杞、玉竹、党参、当归和桂皮。

④ 小火熬煮 30 分钟。

⑤ 将排骨放回锅中。

⑥ 继续小火煮 30 分钟。

⑦ 排骨煮熟后加入盐和胡椒粉，关火。

⑧ 将肉骨茶装到碗里，可配上生菜和油条一起食用。

准备这些别漏掉

主料：排骨 3 根

辅料：水 600g、八角 5 个、黑枣 3 个、枸杞 8 颗、玉竹、党参、当归、桂皮 2 片

调味料：盐少许、胡椒粉适量

制作零失误

1. 排骨第二次下锅如果还有浮沫也要撇掉。
2. 吃排骨时可搭配红辣椒和酱油蘸料。
3. 切记用小火慢煮，把肉煮到软烂。

东南亚料理常用食材与特殊用料

东南亚料理的特别之处就在于种类繁多的香料，未食菜肴，先闻其香，四溢的香气有种先声夺人的效果。

常用食材

食材	特点	常用烹饪方式
虾	肉质松软，容易消化，其含有丰富优质蛋白，含有的镁对心脏活动具有很好的调节作用。	炒虾、水煮虾
番茄	具有消除疲劳、增进食欲、减肥瘦身的作用。其中含有的抗氧化剂，能对抗人体自由基，美容抗皱。	切碎煮熟
鱿鱼	鱿鱼的脂肪含量很低，但是胆固醇含量较高，高血脂和高胆固醇的人群不易食用。	焯熟、煎熟
猪排	将大片瘦猪肉用煎或炸的方式烹饪而成，香气四溢，外酥里嫩。	炸猪排
辣椒	辣椒是一种有刺激性的食物，能刺激口腔黏膜，促进唾液分泌和肠胃蠕动，增强食欲，帮助消化。	切碎加入菜肴中
河粉	富含碳水化合物，能给人体提供热量，提供一定的膳食纤维，增强肠道功能。	煮熟沥干、炒河粉

特殊用料

食材	特点	常用烹饪方式
咖喱	咖喱由多种香料调制而成，具有特别的香气，味道辛辣带甜。能增加肠胃蠕动，促进血液循环。	拌肉类、拌饭
鱼露	鱼露是以小鱼虾为原料，经过特殊工序制成的汁液，主要用来增加菜肴的鲜味和咸味。	加入菜肴中、单独作为酱汁
甜辣酱	甜辣酱一般有偏甜或偏辣两种口味，主要原料为辣椒，能促进肠胃蠕动，增强食欲。	佐餐蘸料
叻沙	叻沙是新加坡和马来西亚的地道食品，由虾米、虾膏、蒜茸、辣椒、椰汁等多种食材混合，煮多个小时而成。	汤底
柠檬汁	柠檬汁含有丰富的维生素 C，不仅能美肤抗皱，还具有止咳化痰、生津健脾的功效。	加入菜肴中
椰浆	椰浆味甘性温，适合一般人食用。可以给人体补充营养，还有美容养颜、利尿消肿的功效。	汤底

环球美食

Chapter 4

精致欧美

漂洋过海的精致西式料理

奔赴大洋彼岸感受芝士红酒带来的浓郁芳香，
这些散发浪漫气息的精致美食，简约却不简单。
科学健康的荤素搭配，色彩和谐的精心摆盘，
让你在视觉与味觉共享愉悦的同时，
不忘收获满满健康！

德式鸡腿土豆泥焗饭

中难度

30 分钟

2 人份

德国菜肴都很讲究荤素搭配，丰富淀粉的土豆泥加上香嫩的鸡肉，饱腹的同时又能得到丰富均衡的营养。

异国美味轻松做

① 胡萝卜和绿菜椒洗净切成小块。

② 鸡腿肉切块。

③ 将胡萝卜粒、绿菜椒和鸡腿肉炒熟待用。

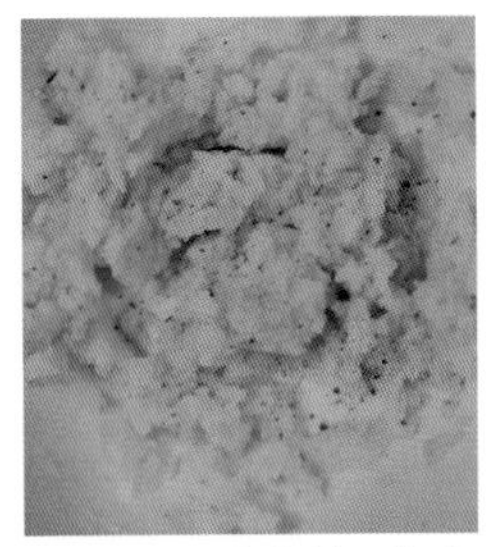

④ 土豆去皮蒸熟，加入黄油、牛奶、盐和胡椒粉拌匀成泥状。

⑤ 将土豆泥铺在米饭上。

⑥ 放入步骤 3 的材料。

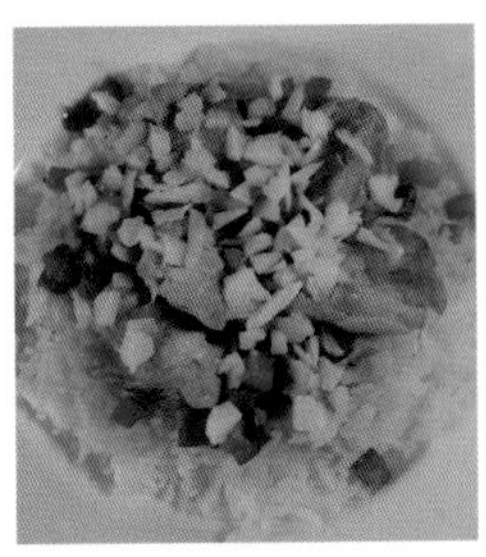

⑦ 撒上马苏里拉芝士。

⑧ 放入烤箱，160℃烤 5 分钟。

准备这些别漏掉

主料：鸡腿肉 1 块、胡萝卜 1/2 根、绿菜椒 1/2 个、土豆 1 个、牛奶 5g、米饭 1 碗

辅料：黄油少许、马苏里拉芝士 20g

调味料：盐少许、胡椒粉少许

制作零失误

1. 鸡肉腿可先用盐腌制一会儿。

2. 土豆弄熟的方式可以隔水蒸，如果赶时间，也可以裹保鲜膜放入微波炉高火加热至熟。

3. 切记烤制的时间不宜过长，否则米饭会变硬，影响口感。

德国蒜蓉口菇焗鸡翅

焗是德国家庭里最喜爱用的烹饪方式之一。用这个方法来制作蒜蓉不会像吃大蒜那样有气味，又能保持它原有的营养，其香辣的特殊口味，给鸡翅增添浓郁的咸香。

异国美味轻松做

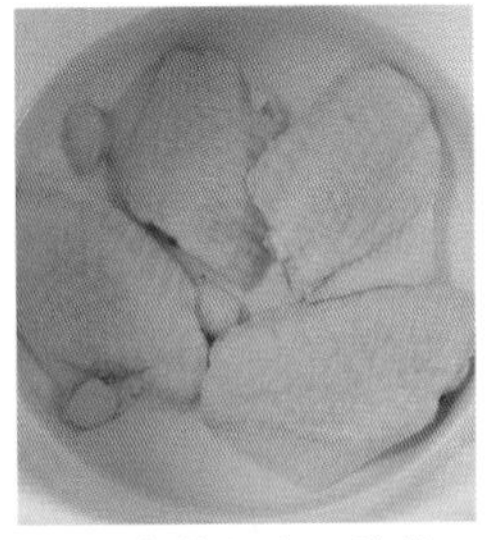

1 锅中放入水、姜片、盐和鸡翅中火煮 15 分钟。

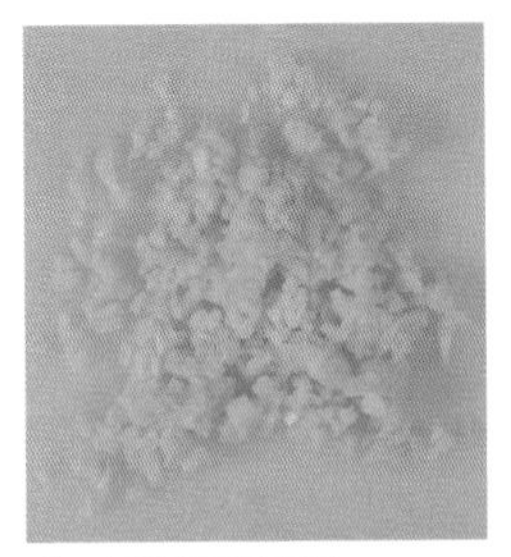

2 大蒜切碎待用。

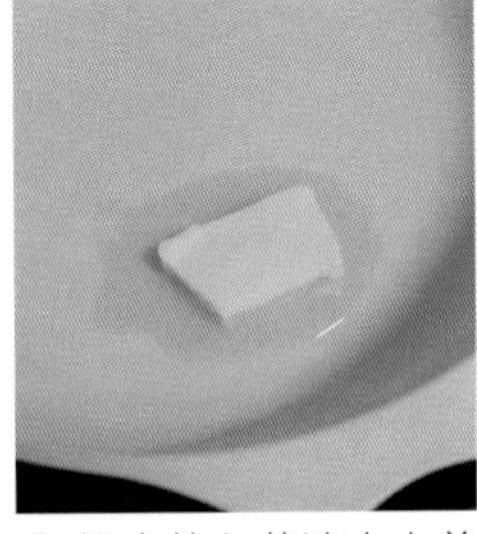

3 锅中放入黄油小火煎至融化。

4 放入口菇煎至表面微黄再翻面继续煎。

5 将煮鸡翅的鸡汤滤出倒入锅内，撒少许胡椒粉和盐，煮至口菇变熟缩小。

6 滤出的鸡翅放入容器中，倒入口菇和鸡汤。

7 在表面撒入蒜蓉和欧芹碎。

8 烤箱预热，180℃烤 10 分钟。

准备这些别漏掉

主料：鸡翅 4 只、口菇 10 个

辅料：水 200g、老姜 2 片、蒜米 2 瓣、黄油 30g、欧芹碎少许

调味料：盐少许、胡椒粉少许

制作零失误

1. 煮鸡翅的同时进行下面的步骤，可节约时间。
2. 清洗口菇时可用小刷子轻轻刷去表面的污垢。
3. 用烤干的面包蘸鸡汁同吃更添美味。

西班牙海鲜小米饭

西班牙海鲜饭源于瓦伦西亚，这里是西班牙的鱼米之乡。米饭被炒出黄澄澄的颗粒感，点缀各种海鲜，令人垂涎。

准备这些别漏掉

主料：

虾子4只

鱿鱼1条

扇贝3个

蛤蜊5个

小米100g

洋葱1/2个

辅料：

水300g

调味料：

盐少许

鸡精1勺

白葡萄酒100g

胡椒粉少许

异国美味轻松做

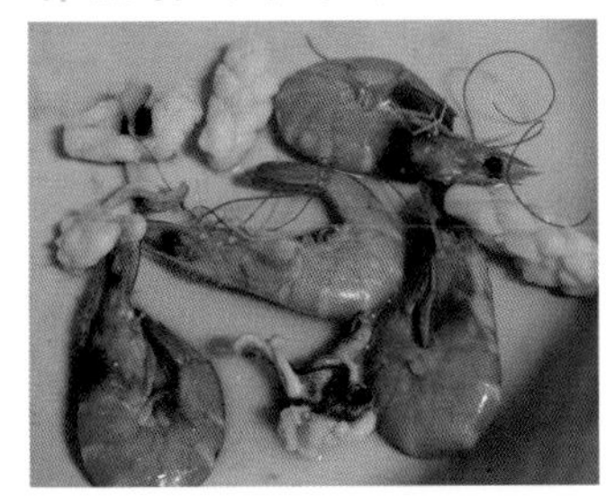

① 虾子和鱿鱼放入锅中煎熟待用。

② 洋葱切粒、小米洗净滤干，放入锅中翻炒一会儿。

③ 加入水和盐。

④ 加入一勺鸡精。

⑤ 倒入白葡萄酒拌匀，盖上盖子小火煮 15 分钟。

⑥ 开盖煮至汤汁大部分被小米吸收掉时放入扇贝和蛤蜊，盖上锅盖煮 5 分钟。

⑦ 摆入煎熟的虾子和鱿鱼。

⑧ 撒少许胡椒粉即可。

制作零失误

1. 虾子和鱿鱼用黄油煎熟更香，扇贝和蛤蜊蒸熟味道更鲜美。

2. 海鲜很容易熟，不要煎得过久，变色即可。

3. 海鲜一定要新鲜，洗净泥沙、去掉内脏的脏东西，这样海鲜饭更好吃。

西班牙土豆饼

土豆是西餐食材的主角之一，富含淀粉的土豆和富含维生素的蔬菜结合，煎出外皮酥脆的土豆饼，绝对是一款精致早餐的不二选择。

准备这些别漏掉

主料：

土豆1个

鸡蛋2个

辅料：

胡萝卜1/2根

黄瓜1/2根

洋葱1/2个

调味料：

黑胡椒粉少许

盐少许

制作零失误

1. 喜欢辣味的可以撒点辣椒粉。

2. 平底锅最好选小一些的，做出的蛋饼才够厚且好翻面。

3. 用锅铲按压蛋饼，直到没有发出“嘶嘶”的声音既表示蛋饼煎熟了。

异国美味轻松做

1 土豆削皮切片，洋葱切丝，胡萝卜和黄瓜切成小块。

2 鸡蛋加入盐搅拌均匀。

3 平底锅倒少许油，放入土豆片煎至土豆变透明，边缘微焦。

4 放入洋葱丝、胡萝卜粒和黄瓜粒。

5 撒上黑胡椒粉。

6 倒入蛋液，中火煎至表面稍凝固。

7 用一个盘子盖在锅上，将锅倒扣，把蛋饼翻在盘子上。

8 将翻好面的蛋饼放入锅中继续煎制，直到另一面煎熟后出锅。

西班牙橄榄鸡肉卷

香嫩鸡肉包裹着黑橄榄，既简单又美味，还带着点点情趣。黑橄榄富含钙质和维生素 C，散发的香味沁人心脾。

准备这些别漏掉

主料：

鸡胸肉1块

辅料：

黑橄榄泥20g

油少许

调味料：

盐少许

制作零失误

1. 鸡胸肉最好选择大且薄的。

2. 用牙签封口时鸡肉卷的两头也要封起来，防止煎时橄榄泥露出。

3. 为了让鸡肉入味，可先腌制一会儿。

1 鸡胸肉去皮，用刀背轻轻敲打鸡排，让鸡排厚度变均匀。

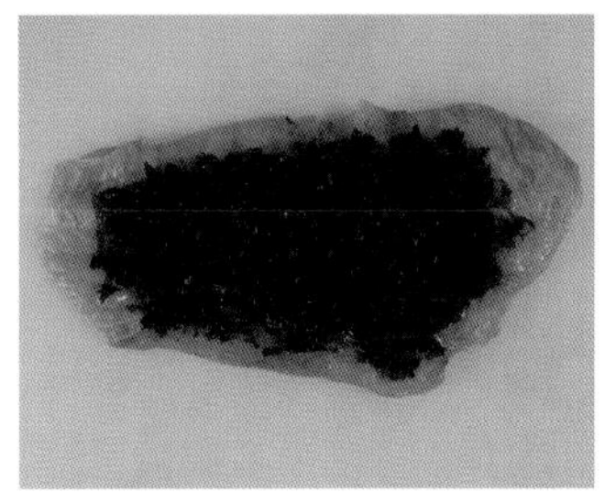

2 黑橄榄泥加入少许盐拌匀后均匀抹在鸡排上，边缘留出空隙。

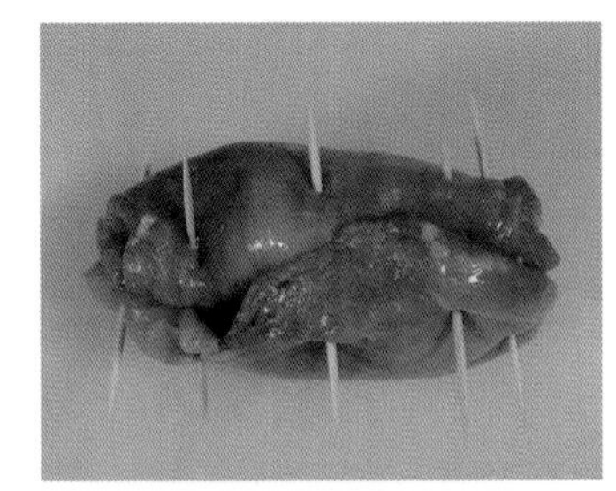

3 将鸡排卷起后用牙签固定好。

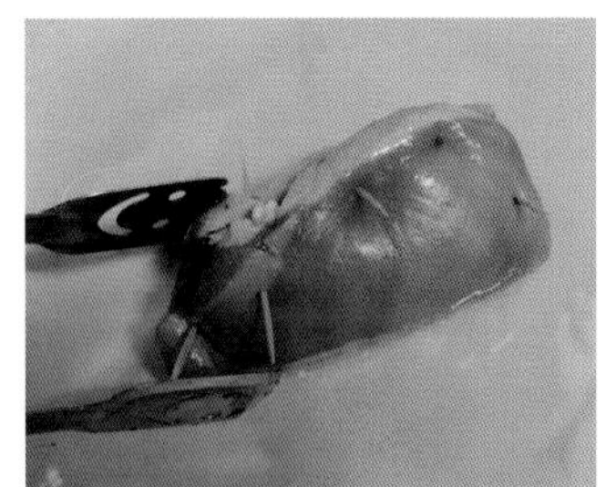

4 平底锅中倒少许油，将鸡肉卷放入，小火慢慢煎。

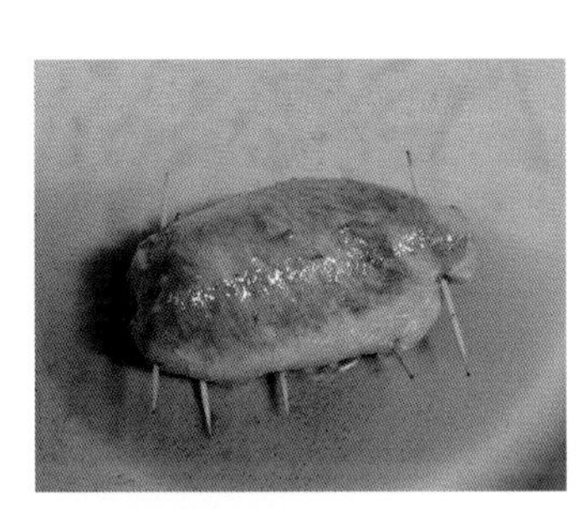

5 翻面继续煎熟。

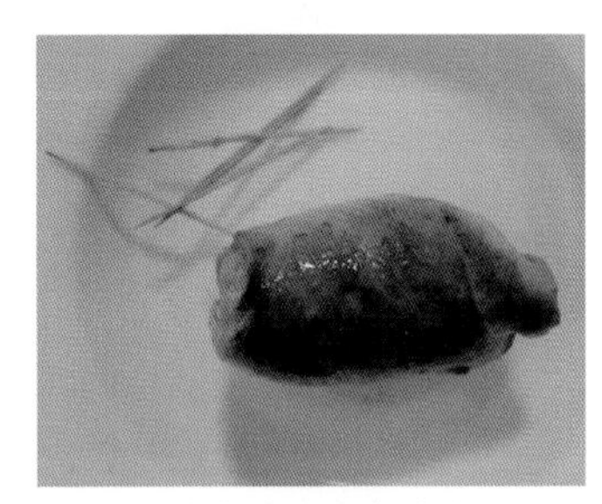

6 放入盘中待鸡肉卷稍凉后取下牙签。

7 用保鲜膜包好鸡肉卷放入冰箱冷藏半小时。

8 从冰箱取出，切片即可。

西班牙冷汤

西班牙冷汤无需使用复杂的工序开火烹饪，做法简单，回归食材的原味，喝一口，让你立即感受阵阵直达心底的清凉。

准备这些别漏掉

主料：

番茄3个

洋葱1/2个

黄瓜1/2根

芹菜1/2根

吐司1片

辅料：

橄榄油10g

调味料：

胡椒粉少许

盐少许

柠檬汁5g

制作零失误

1. 想吃辣的可加入辣椒粉一起搅拌。

2. 加入吐司粒的冷汤更浓稠一些，想喝清爽口感的可以不加。

3. 为了让冷汤混合得更彻底，搅拌的时候可以时间稍久一些。

异国美味轻松做

1 准备好材料，洗净。

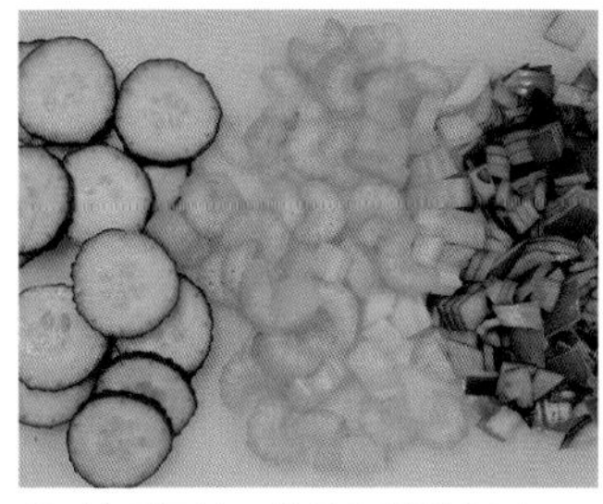

2 黄瓜切片、芹菜和洋葱切碎。

3 番茄切成小块。

4 吐司切块。

5 将步骤 2~4 所有食材放入搅拌机里，挤入柠檬汁。

6 将材料搅拌均匀。

7 将冷汤倒入碗中，撒上胡椒粉和盐拌匀后放入冰箱冷藏半小时。

8 拿出后摆上几块烤干的吐司，撒上欧芹碎，淋少许橄榄油即可。

西班牙吉拿果

被称为“西班牙油条”的吉拿果外酥里嫩，中间为网格状，颜色金黄，冷热皆宜。可以拌着冰淇淋一起吃，或者淋上香浓的巧克力酱也是不错的搭配。

准备这些别漏掉

主料：

低筋面粉150g

牛奶250g

鸡蛋3个

辅料：

黄油200g

油适量

调味料：

白砂糖20g

盐少许

制作零失误

1. 吃的时候撒少许糖粉或蘸少许蜂蜜或巧克力酱更可口。

2. 油温要掌握好，油温过高会使吉拿果变焦，过低易使吉拿果吸入过多油分。

异国美味轻松做

1 低筋面粉过筛待用。

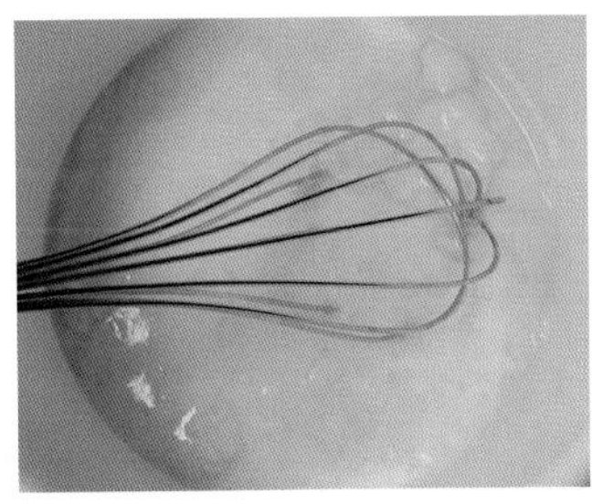

2 锅内放入黄油、牛奶、白砂糖和盐，小火煮至沸腾后关火。

3 快速倒入面粉。

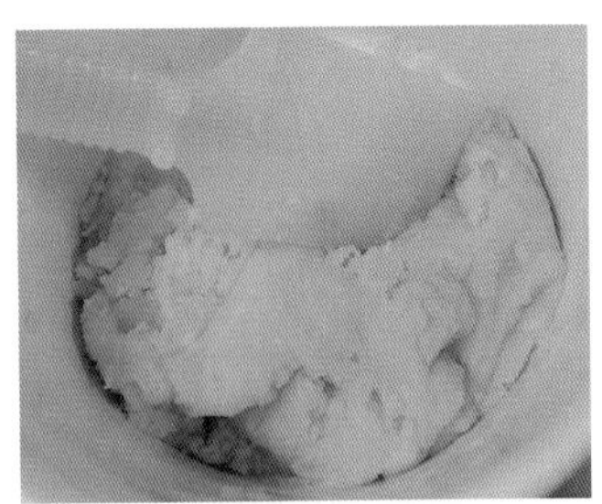

4 搅拌成光滑无颗粒的面糊。

5 待面糊稍冷却，鸡蛋打撒，分三次加入面糊搅拌均匀。

6 搅拌至鸡蛋完全混合，将面糊装入有星形裱花嘴的裱花袋中。

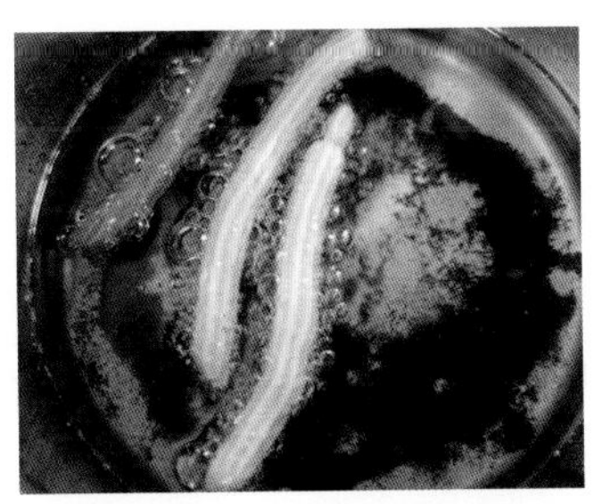

7 锅内倒入油，烧至190℃左右，向锅里挤入面糊后用剪刀剪断。

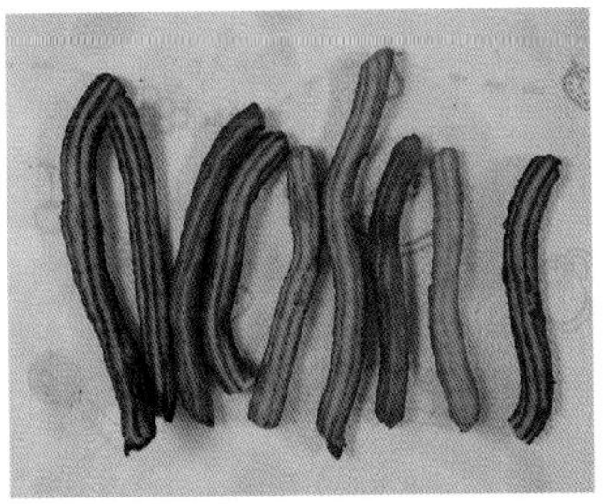

8 炸至金黄色后出锅摆在厨房纸上吸去多余油分即可。

意大利素千层面

意大利是美食的王国，这款素千层面酥脆又不会油腻，涂上酱料和芝士，透露出西方美食的独特味道。

异国美味轻松做

① 按照披萨酱的方法做好红酱。

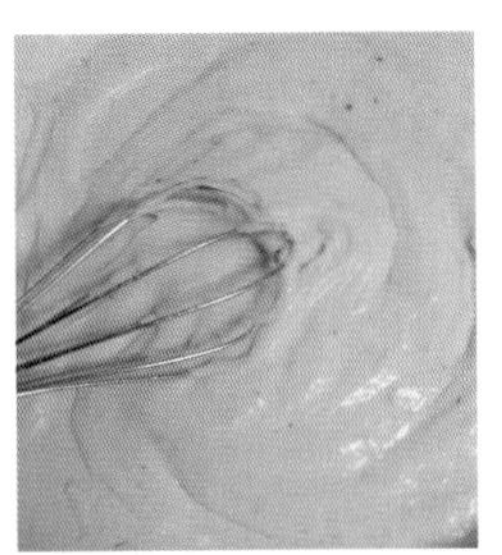

② 黄油放入锅中融化后加入面粉拌匀，加入牛奶小火煮至浓稠后撒入黑胡椒粉。

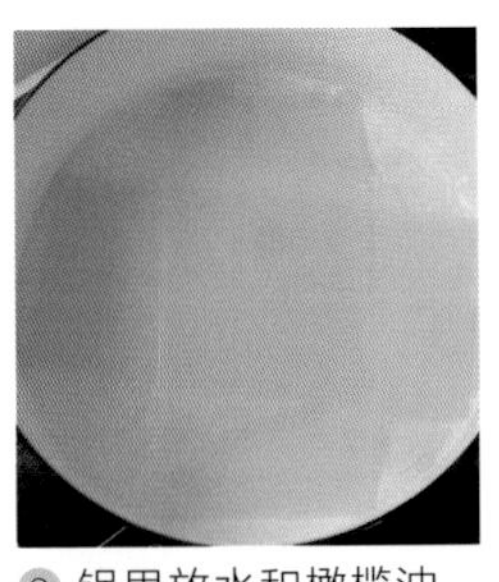

③ 锅里放水和橄榄油，烧开后分次放入千层面皮煮 5 分钟后放入冷水中冷却。

④ 容器中放入一片面皮，上面抹一层红酱。

⑤ 在红酱上抹上白酱。

⑥ 撒一层马苏里拉碎芝士后重复步骤 4~6，直到容器被铺满。

⑦ 在最上一层撒满马苏里拉芝士。

⑧ 烤箱预热，170℃烤 30 分钟。

准备这些别漏掉

主料：千层面皮 6 片

辅料：黄油 20g、面粉 20g、牛奶 200g、橄榄油 2 滴、马苏里拉芝士 100g

调味料：红酱、黑胡椒粉少许

制作零失误

1. 煮千层面皮时要及时轻轻搅拌，防止面皮粘在一起。
2. 面皮数量按照个人容器大小增减。
3. 如果感觉太素，可以在中间加上肉酱。如果感觉太腻，可以在中间加一些切成丝的蔬菜。

白酱蘑菇鸡腿意面

意面是西餐中很常见的一款面食，也是在中国餐桌上颇受欢迎的外国料理之一。口感香甜却不腻，薄荷更增添了丝丝清新。

准备这些别漏掉

主料：

意面200g

鸡腿1个

口菇3个

牛奶220ml

辅料：

面粉25g

黄油25g

调味料：

胡椒粉少许

盐少许

橄榄油少许

薄荷2片

制作零失误

1. 黄油加入面粉时要用最小火且迅速拌匀，防止结块。

2. 煮意大利面时可以适当加些盐，增加口感。

3. 薄荷叶可以用罗勒叶代替，口感丰富且解腻。

异国美味轻松做

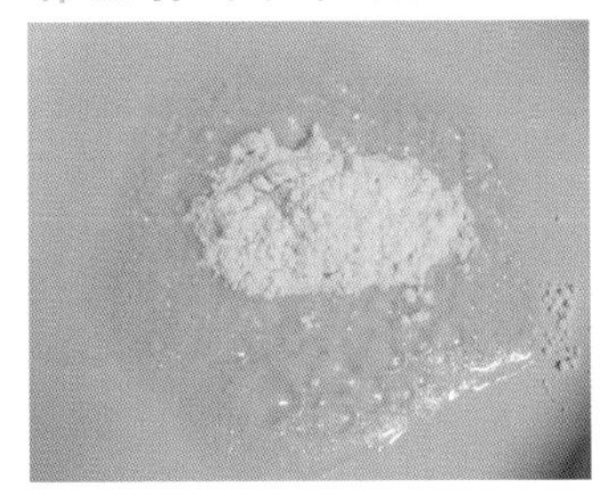

① 将黄油放入锅中煎至融化后转小火。

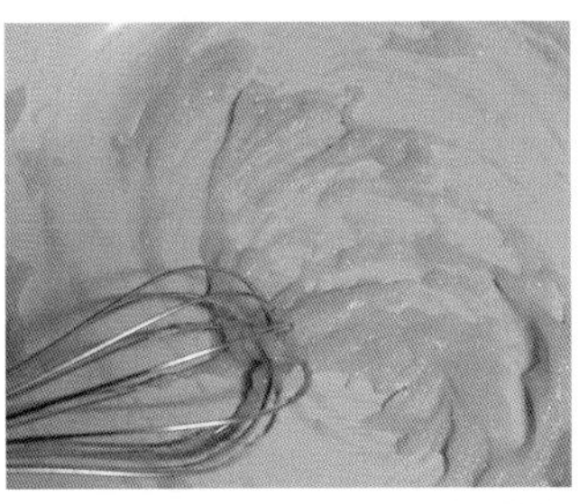

② 倒入面粉后用搅拌器迅速搅拌均匀，呈稠状。

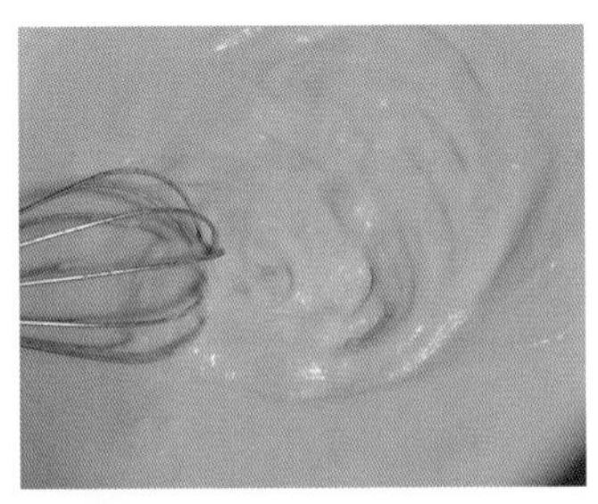

③ 边加入牛奶边用搅拌器搅拌至糊状，撒上盐拌匀待用。

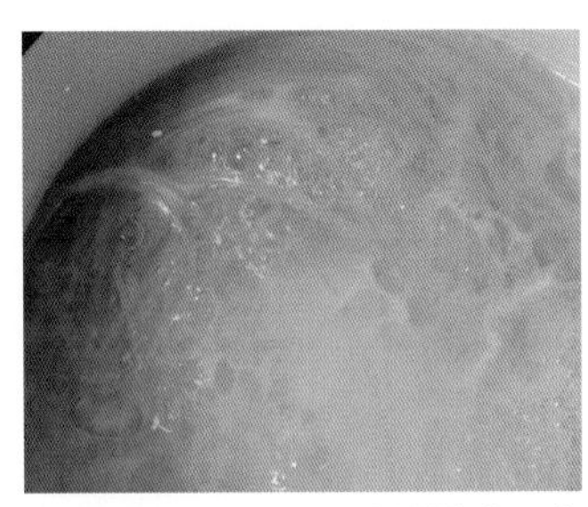

④ 水煮开，加入几滴橄榄油和少许盐，放入意面中火煮8分钟。

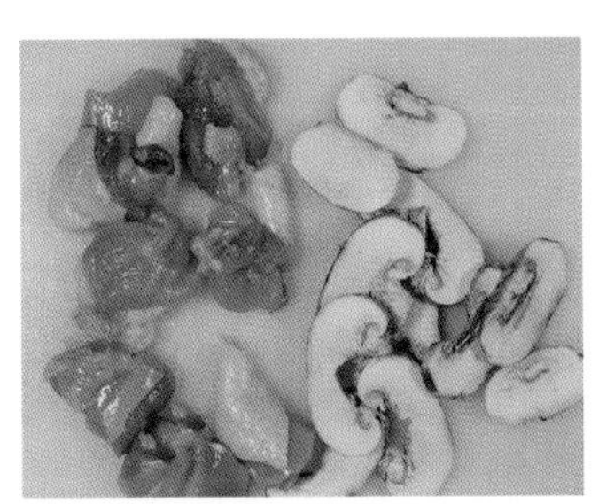

⑤ 将鸡腿剔骨后切成块，口菇洗净后切成薄片。

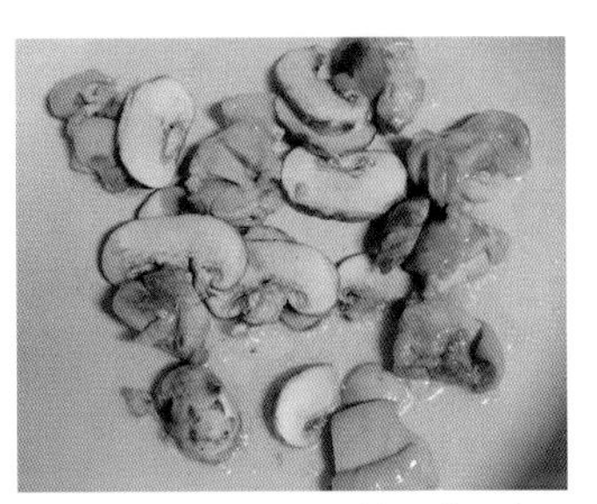

⑥ 锅中加入少许油，放入鸡腿肉翻炒至金黄后加入口菇继续炒熟。

⑦ 关火后在锅内慢慢倒入白酱，用锅铲搅拌均匀。

⑧ 意面滤干，加入白酱口菇鸡腿，拌匀后撒上薄荷碎。

牛油果芦笋意面

中难度　20 分钟　2 人份

将水果融入意大利面中，诱人的色泽令人充满惊喜和食欲，牛油果的丰富营养更增添了菜品的价值。

异国美味轻松做

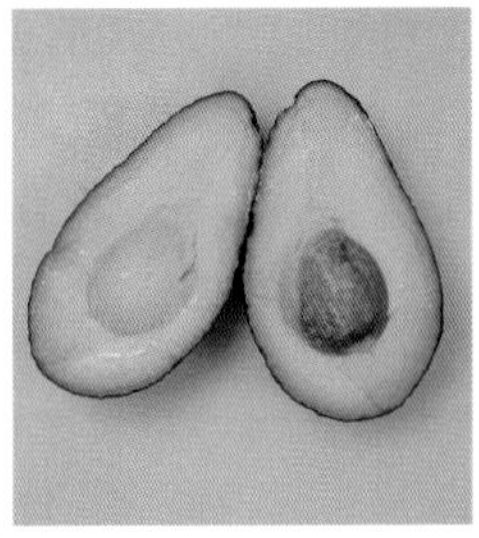

1 牛油果切半,取出果核。

2 滴入几滴柠檬汁，用勺子拌成泥状。

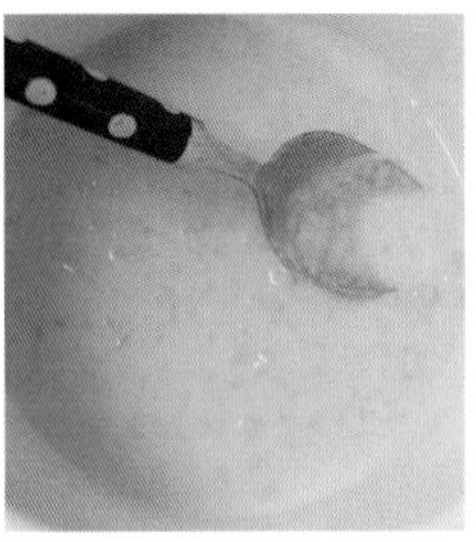

3 加入牛奶和奶油拌匀。

4 锅中放入橄榄油和盐，水烧开后放入意面。

5 中火煮至 8 分熟时放入切条的芦笋一起煮 2 分钟。

6 关火后将意面捞出滤干,放入牛油果酱中。

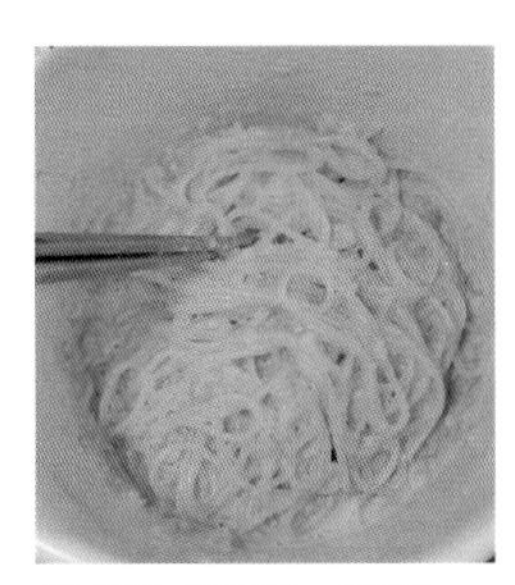

7 加入少许盐，拌匀。

8 将意面装入盘中，摆上芦笋，撒少许欧芹碎即可。

准备这些别漏掉

主料：牛油果 1 个、意面 100g、芦笋 2 根

辅料：牛奶 25g、奶油 30g、橄榄油 2 滴、欧芹碎少许

调味料：盐少许、柠檬汁少许

制作零失误

1. 每种意面煮熟的时间略有不同，最好按包装袋上的建议来煮。
2. 锅中烧开水后，意面垂直放在锅的中间，松开手，使意面呈放射状在锅中散开。
3. 煮意面时要用沸水，意面才更有韧性。

意大利蘑菇香肠披萨

披萨绝对是不可错过的一道意大利餐点，食材与酱料在面饼上混合装扮，光看外形就刺激着蠢蠢欲动的味蕾。

异国美味轻松做

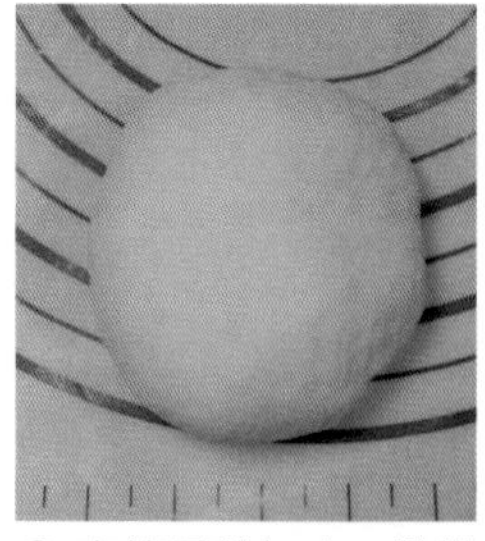

① 高筋面粉加水、橄榄油、盐和酵母揉成光滑面团发酵至两倍大。

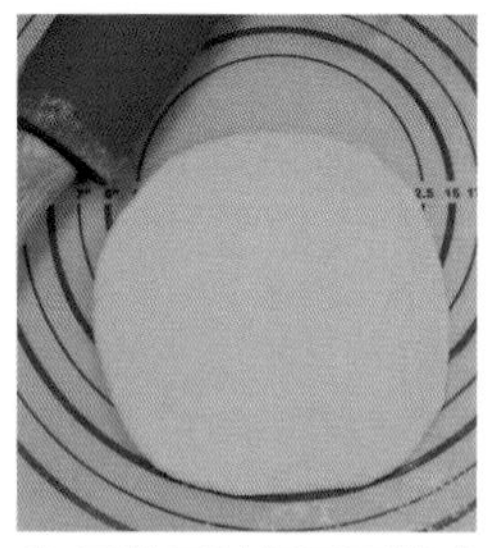

② 用擀面杖把面团擀成圆形的薄片。

③ 沿着面饼边缘用叉子叉出小孔。

④ 均匀抹上披萨酱。

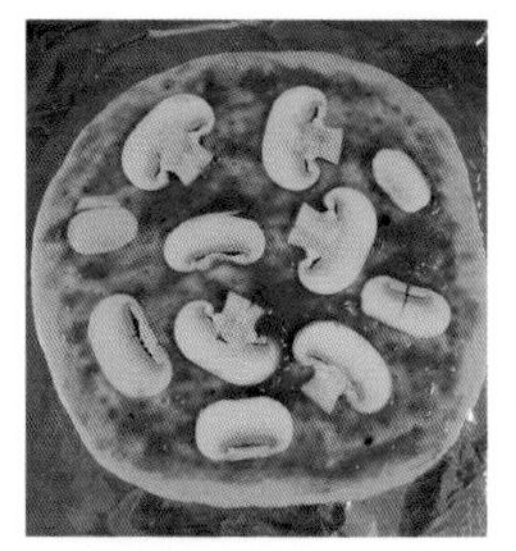

⑤ 口菇洗净切片，摆入面饼上。

⑥ 香肠切片放入面饼。

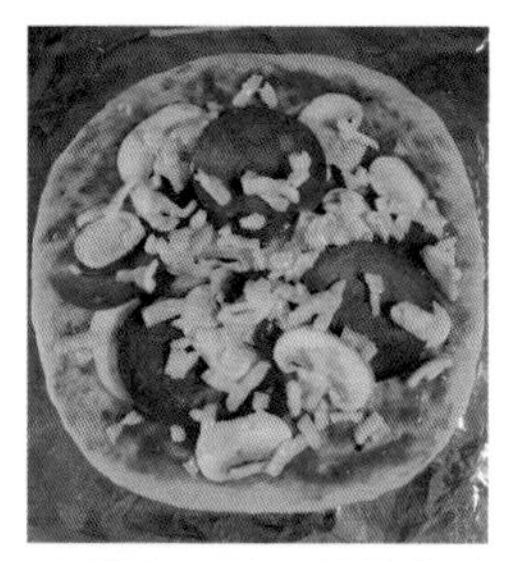

⑦ 撒上马苏里拉芝士碎和欧芹碎。

⑧ 烤箱预热 180℃，烤 15 分钟即可。

准备这些别漏掉

主料：口菇 2 个、香肠 4 片、高筋面粉 80g

辅料：水 50g、酵母 2g、橄榄油 10g、马苏里拉芝士 30g、欧芹碎少许

调味料：盐 2g、披萨酱适量

制作零失误

1. 披萨上还可撒披萨草、百里香等香料。
2. 蘑菇不要放太多，因为蘑菇在加热后会出水，水分太多会影响口感。
3. 如果喜欢酥脆的饼皮，可以在烤盘上和饼皮边缘刷上橄榄油。

意大利青泥鲜虾芝士饺

鲜虾与芝士搭配鲜嫩浓香，贝壳形状的饺子有趣可爱，青泥香甜可口的清新，成就了这道美味又耐看的鲜虾芝士饺。

准备这些别漏掉

主料：

虾子4个

松子35g

面粉100g

芝士20g

辅料：

水60g

新鲜罗勒叶20g

橄榄油50g

帕玛森干酪20g

蒜头1瓣

调味料：

盐少许

胡椒粉少许

制作零失误

1. 青泥不用搅拌太久，留一点颗粒更好吃。

2. 帕玛森干酪本身有咸度，盐要尝试过咸淡后再决定加入的分量。

3. 剩余的青泥装入密封的瓶子里，封上一层橄榄油防止氧化。

异国美味轻松做

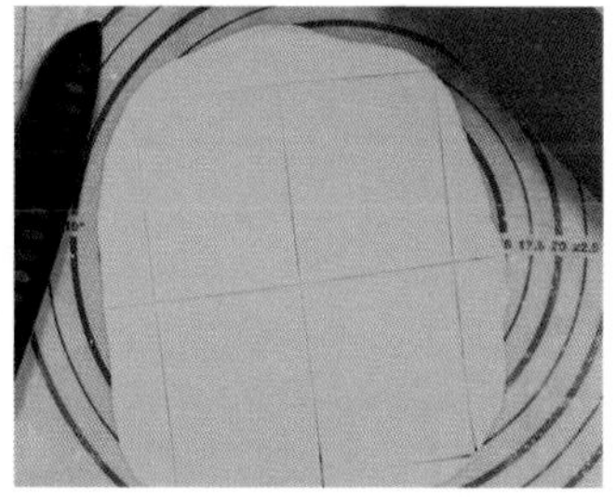

1 将面粉和水揉成光滑面团后用擀面杖擀成薄片，用刀切成约长10 厘米、宽 7cm 的小面皮。

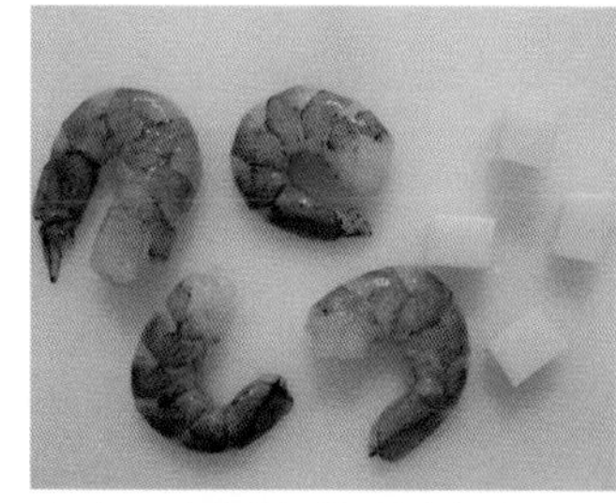

2 虾子去壳去虾线，芝士切成小块。

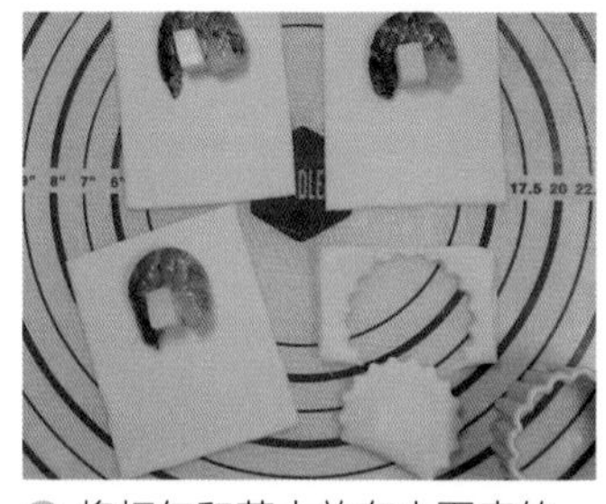

3 将虾仁和芝士放在小面皮的一头，提起另一头面皮盖上，用模具压成饺子状。

4 水烧开，放入饺子煮至浮起，在锅内待用。

5 罗勒叶洗净晾干，松子去壳去皮，准备好橄榄油。

6 将罗勒叶、松子、橄榄油和大蒜放入搅拌机里搅拌。

7 加入帕玛森干酪、盐和胡椒粉拌匀成黏稠状。

8 饺子捞出滤干，放入青泥上即可。

意式玉米浓汤

意式浓汤讲究的是浓稠度以及鲜香的口感，虽然这款汤品中没有过多复杂的食材，但是奶油和黄油的加入，混合面粉增添的浓稠质感，让汤汁变得十分浓郁。

异国美味轻松做

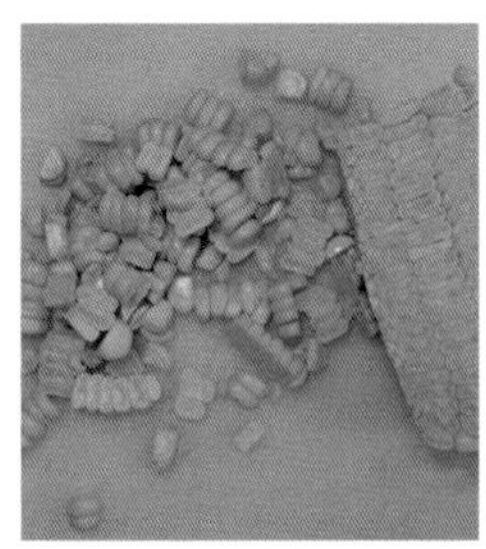

1 玉米洗净，用刀切下玉米粒。

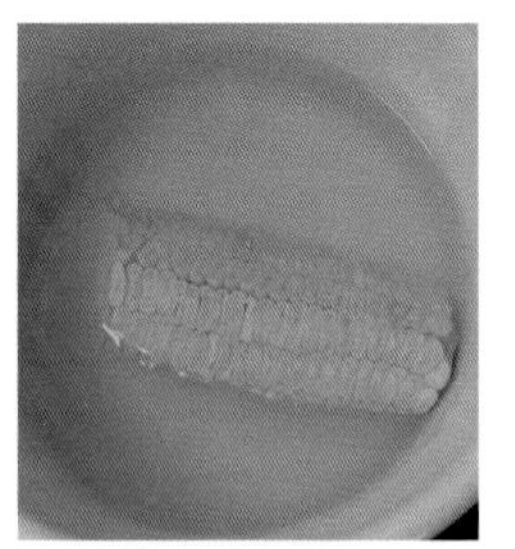

2 剩下的玉米棒放入锅中，加入水煮 5 分钟后关火待用。

3 火腿肠切小块。

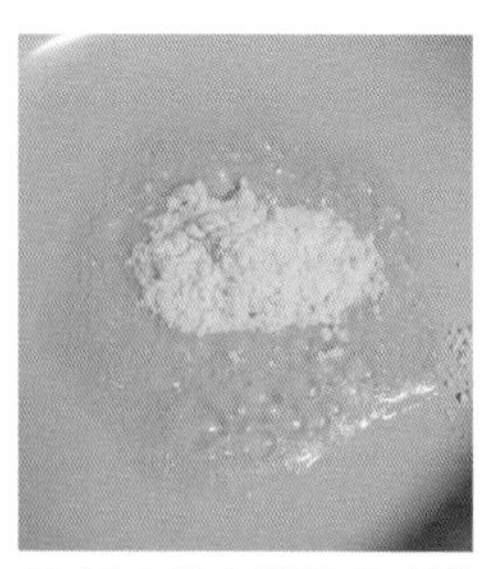

4 锅中放入黄油小火融化后倒入面粉，用搅拌器快速搅拌成黏稠糊状。

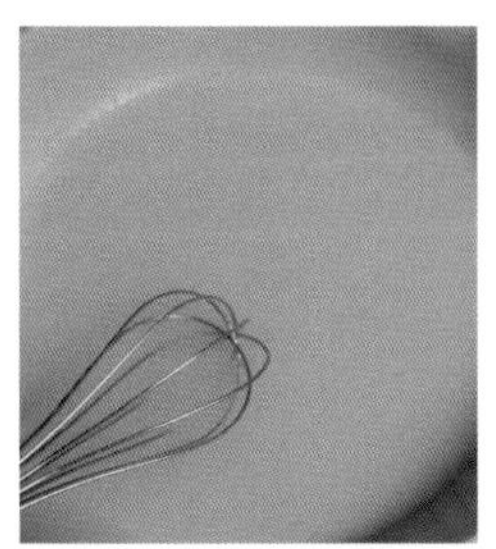

5 倒入煮好的玉米水搅拌均匀。

6 倒入玉米粒和火腿肠粒，小火煮至汤汁变浓稠。

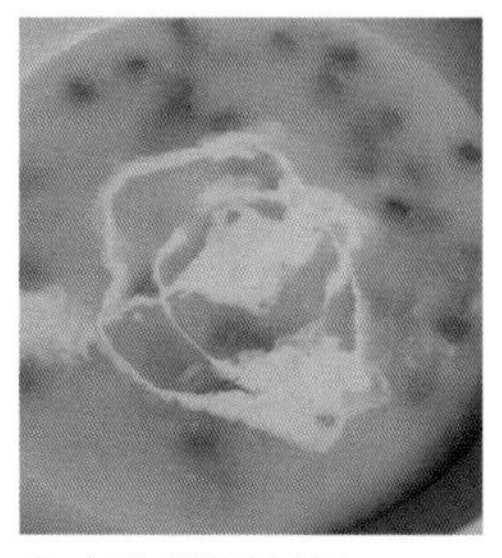

7 加入鲜奶油拌匀。

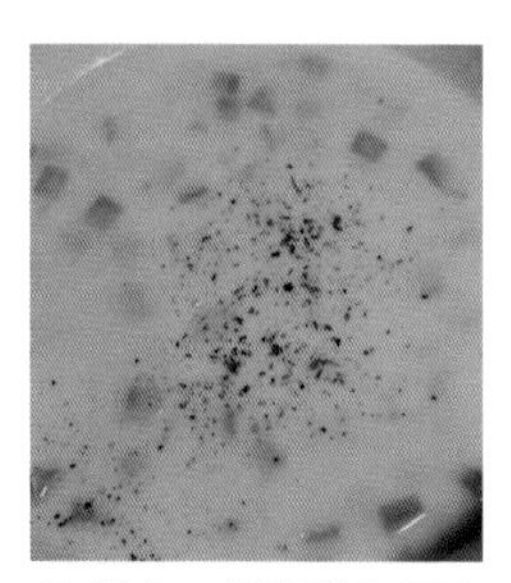

8 撒盐、胡椒粉和干欧芹叶即可。

准备这些别漏掉

主料：玉米 1/2 个、火腿肠 1 根

辅料：水 400g、黄油 20g、面粉 10g、鲜奶油 30g、干欧芹叶少许

调味料：胡椒粉少许、盐少许

制作零失误

1. 用玉米棒煮过的水比较香甜。
2. 如果没有鲜奶油，也可以用鲜牛奶代替。
3. 水不用放太多，最终要小火煮至浓稠。

意式茄汁焗豆

茄汁焗豆是广受意大利人喜爱的一款菜品，不仅可以用来佐饭也能搭配意面，很多人嫌麻烦喜欢直接食用罐头制品，不如来感受一番自制的美味和乐趣。

准备这些别漏掉

主料：

黄豆500g

培根2片

香肠1根

鸡蛋1个

辅料：

水500g

西红柿1个

洋葱1/4个

调味料：

番茄酱15g

酱油5g

白砂糖5g

制作零失误

1. 泡过的黄豆更易煮软。

2. 煮茄汁焖豆时可先尝一下味道，酸了可再加一些白砂糖。

3. 想要颜色好看一些可多加些番茄酱。

异国美味轻松做

① 黄豆洗净装入碗中，浸泡 4 小时以上。

② 西红柿去皮切小块，洋葱切小块。

③ 将西红柿、洋葱和滤干的黄豆倒入锅中，小火翻炒至西红柿出汁。

④ 加入番茄酱、生抽和白砂糖继续翻炒均匀。

⑤ 加水后盖上锅盖焖煮 15 分钟。

⑥ 开盖后转中火收汁至黏稠。

⑦ 将培根煎至出油后放入香肠，煎至表面呈金黄色。

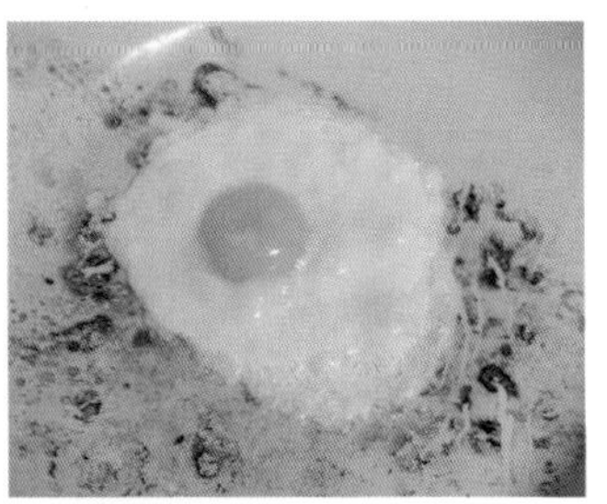

⑧ 用煎培根剩下的油煎荷包蛋，装盘即可。

意式披萨酱

很多人在自制披萨时使用的是简单的番茄酱，所以老是做不出纯正的意大利口味。学会披萨酱的制作，保证让你在家也能享受地道的意式披萨。

异国美味轻松做

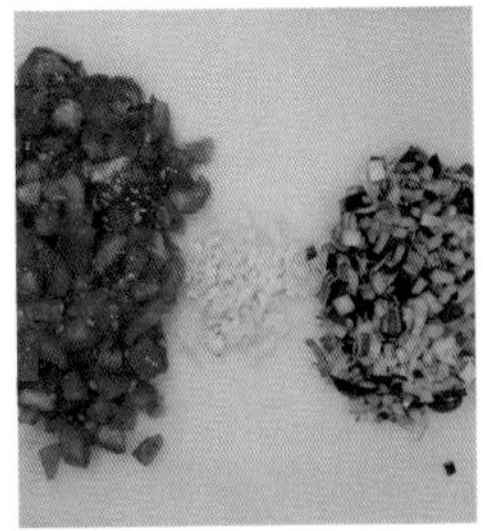

1 番茄、洋葱、大蒜切碎。

2 锅内放入黄油，将蒜蓉和洋葱粒炒熟。

3 加入番茄粒炒至出汁。

4 加水中火煮 10 分钟。

5 将材料倒入搅拌机里搅拌成糊状。

6 将番茄糊倒入锅中，加入番茄酱和盐。

7 小火边搅拌边熬至浓稠状。

8 撒入胡椒粉、罗勒和披萨草拌匀即可。

准备这些别漏掉

主料：番茄 3 个、洋葱 1/2 个

辅料：蒜头 2 瓣、黄油 30g、干罗勒碎 5g、披萨草 5g、水 180g

调味料：盐 5g、白砂糖 8g、胡椒粉少许、番茄酱 20g

制作零失误

1. 可在披萨酱里加少许水，拌意面食用。
2. 喜欢辣味可适当加入辣椒。
3. 煮好的披萨酱凉冷后装入保鲜盒可在冰箱冷藏保存 7 天左右。

法式红酒煎羊排

法国人十分讲究食材的味道以及养生之道，在寒冷的冬季吃这道羊排可以给人体增加热量，防御寒冷，还能保护胃壁，修复胃黏膜。

准备这些别漏掉

主料：

羊排2根

辅料：

红酒100g

黄油30g

大蒜2瓣

百里香少许

调味料：

盐少许

黑胡椒少许

异国美味轻松做

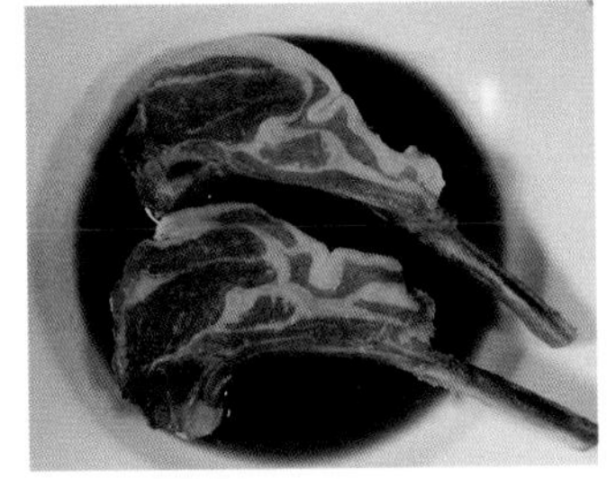

① 红酒倒入碟中，羊排上抹匀盐，放入碟中腌两小时。

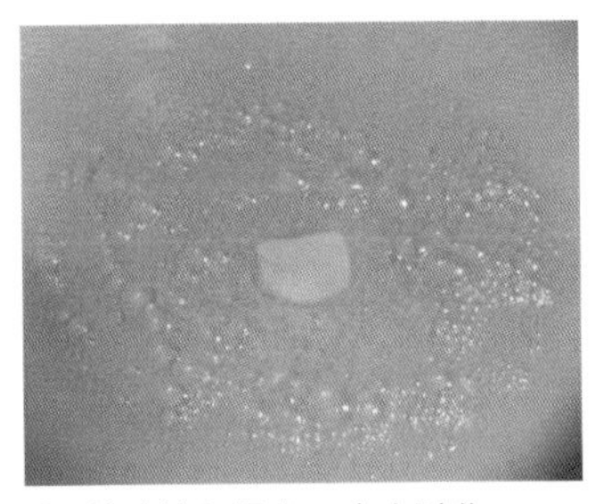

② 黄油放入锅中，中火融化。

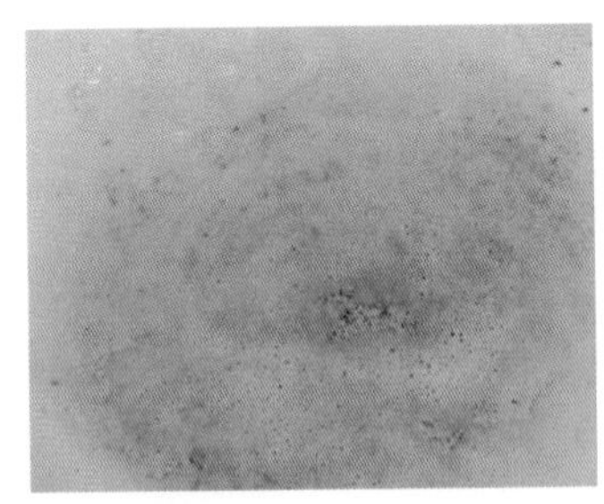

③ 煮至黄油变成焦黄色并发出榛香味。

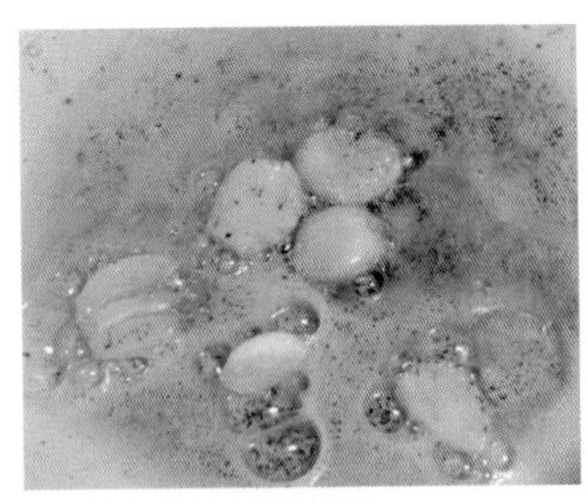

④ 放入蒜片煎至金黄。

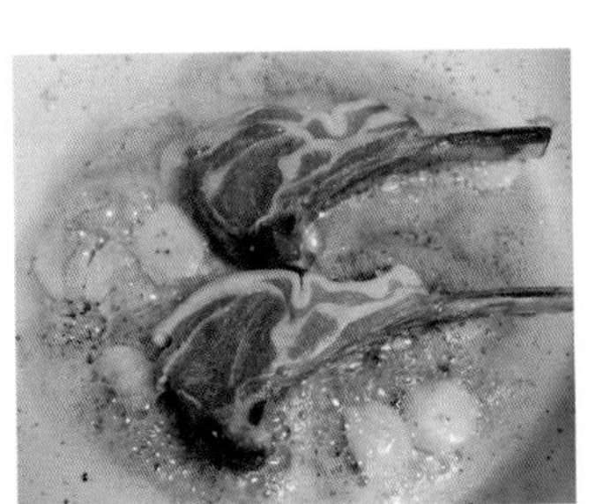

⑤ 将羊排放入锅中，中火煎制三分钟。

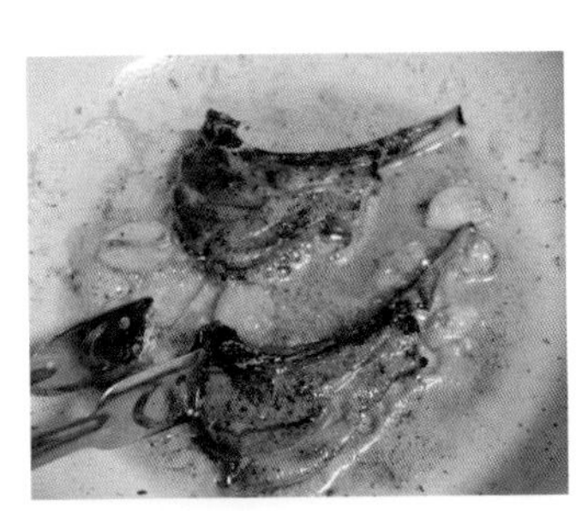

⑥ 翻面继续煎制三分钟，至羊排表面微焦。

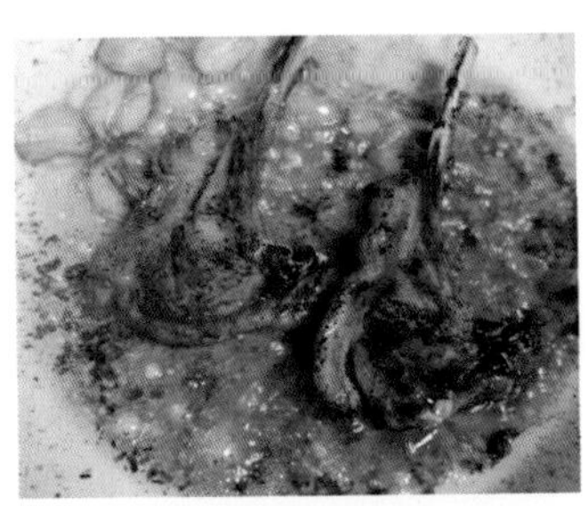

⑦ 将步骤1腌制的红酒倒入锅中，盖上盖子闷1分钟后开盖收汁。

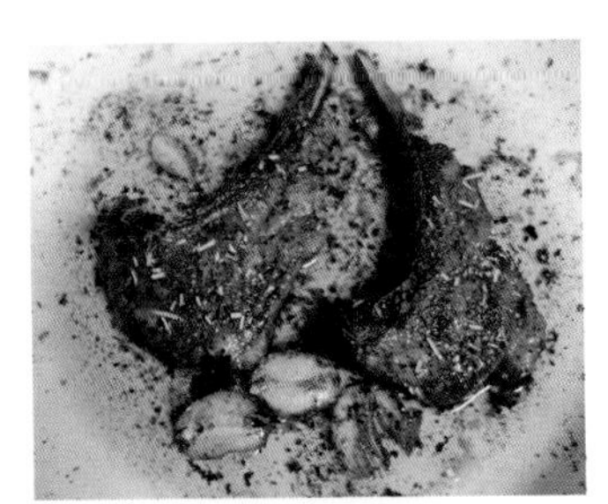

⑧ 撒上黑胡椒粉和百里香。

制作零失误

1. 羊排不宜煎太久，中火快速的煎制能有外酥里嫩的口感。

2. 如果使用冷冻羊排，需提前放在室温下解冻，微波炉解冻会影响肉的口感。

3. 羊排的腌制时间不宜太长，否则羊排的水份流失，肉会比较难嚼。

BANANA
APPLE
COCONUT

法式红酒鸡肉串

红酒是法国乃至其他西方国家餐桌上不可缺少的一位主角，当然也经常用于菜品的烹饪中，增加菜色的醇香和美味。

异国美味轻松做

1 鸡腿肉切大块。

2 洋葱切碎，大蒜去皮切成片。

3 锅中放入洋葱和蒜片，倒入红酒，撒少许百里香。

4 加入盐、白砂糖和胡椒粉，大火煮开后转小火煮 10 分钟。

5 待红酒冷却后，倒入鸡块腌制 20 分钟。

6 将腌制好的鸡肉和胡萝卜、西兰花和口菇串在一起。

7 平底锅中放少许黄油煎至融化后放入鸡肉串煎熟。

8 倒入腌制过的红酒煮至收汁即可。

准备这些别漏掉

主料：鸡腿肉 150g、洋葱 1/4 个、胡萝卜 1 根、西兰花 1 颗、口菇 3 个

辅料：大蒜 1 瓣、红酒 120g、百里香少许、黄油少许

调味料：盐少许、白砂糖少许、胡椒粉少许

制作零失误

1. 胡萝卜切小片比较容易煮熟。
2. 蔬菜可以根据个人的喜好自主搭配。

普罗旺斯炖菜

普罗旺斯炖菜是法国东南部农民的家常菜，随着时间的推移，这到家常菜经过不断改良也成为一道非常有名的法国菜，代表着法国的地中海风情。

异国美味轻松做

① 西红柿、西葫芦和茄子洗净切片。

② 芹菜、黄菜椒、红菜椒和蒜米切碎。

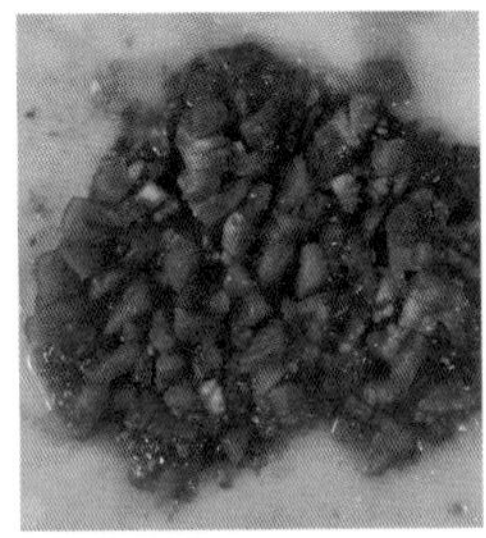

③ 西红柿切小粒。

④ 锅中放少许黄油，将步骤 2 和 3 的材料倒入锅中，加盐炒至西红柿变软出汁。

⑤ 将煮好的番茄汁铺在碗底。

⑥ 将西红柿、西葫芦和茄子按顺序整齐摆在碗中。

⑦ 盖上锡纸，放入烤箱 180℃烤 20 分钟。

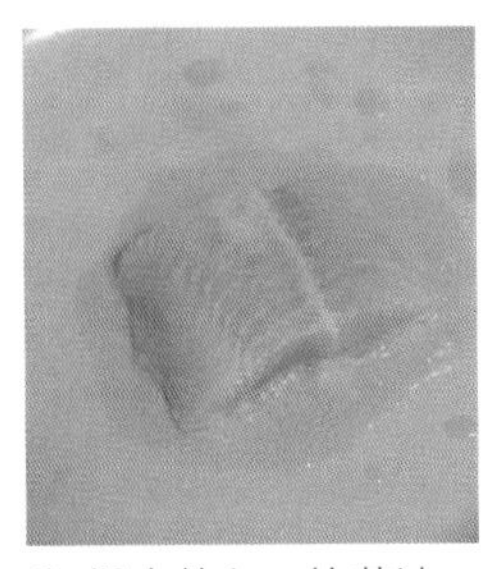

⑧ 锅中放入一块黄油，煎出香味后放入龙利鱼煎熟，撒盐和黑胡椒即可。

准备这些别漏掉

主料：西红柿 2 个、西葫芦 1 个、茄子 1 个、芹菜 1 根、黄甜椒 1/2 个、红甜椒 1/2 个、龙利鱼 1 块

辅料：蒜米 2 瓣、黄油 30g

调味料：盐少许

制作零失误

1. 盖上锡纸烤可使蔬菜的水分不易流失。
2. 煎龙利鱼的过程中放些料酒可以去腥。

法式舒芙蕾

舒芙蕾是法国的一种蛋奶酥，外形可爱，是很多少女的最爱甜品。舒芙蕾要在出炉后趁热食用，不然容易塌陷影响美观。

异国美味轻松做

1 将少许室温软化的黄油均匀涂满烤碗。

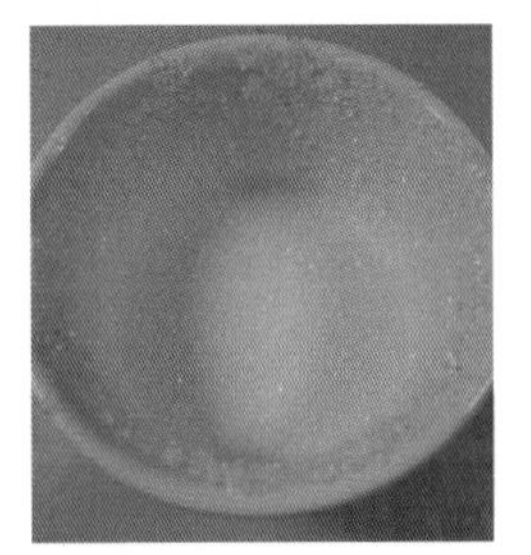

2 倒入白砂糖，让烤碗粘满白砂糖。

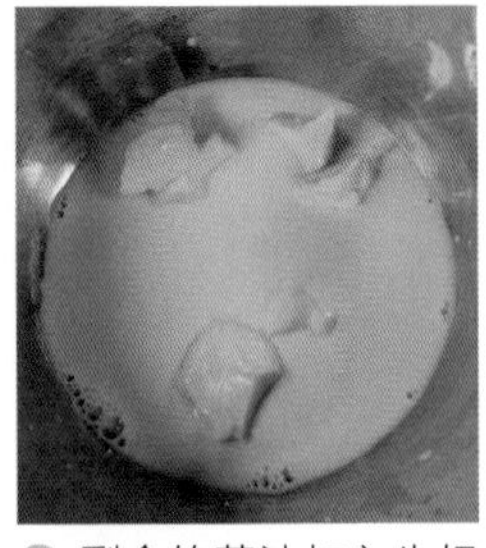

3 剩余的黄油加入牛奶加热拌匀。

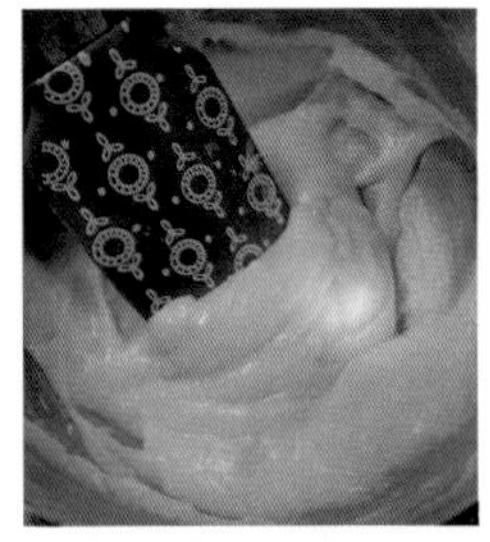

4 筛入面粉拌匀后小火加热，搅拌至面糊变稠关火。

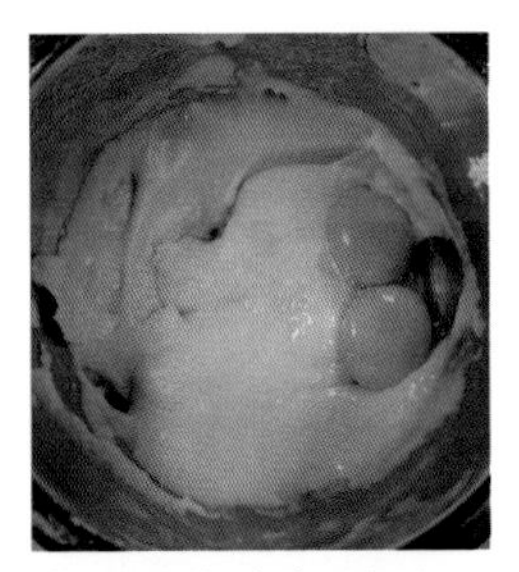

5 待面糊稍冷后加入两个蛋黄拌匀待用。

6 蛋白加入白砂糖搅拌至硬性发泡。

7 将蛋白分三次加入蛋黄糊中翻拌均匀。

8 将面糊倒入烤碗 8 分满，烤箱预热 170℃烤 5 分钟即可。

准备这些别漏掉

主料：低筋面粉 8g、牛奶 25g、鸡蛋 2 个

辅料：黄油 20g

调味料：白砂糖 25g

制作零失误

1. 烤碗里的黄油要抹匀。
2. 在烤碗边上抹一层白砂糖，烤出的舒芙蕾更均匀涨高。
3. 烤好后需尽快食用。

华尔道夫沙拉卷

华尔道夫沙拉卷是一款经典的美式沙拉，拥有百年的历史。将做好的沙拉卷入饼皮送入口中，让人感受到一段饱含历史的美味。

异国美味轻松做

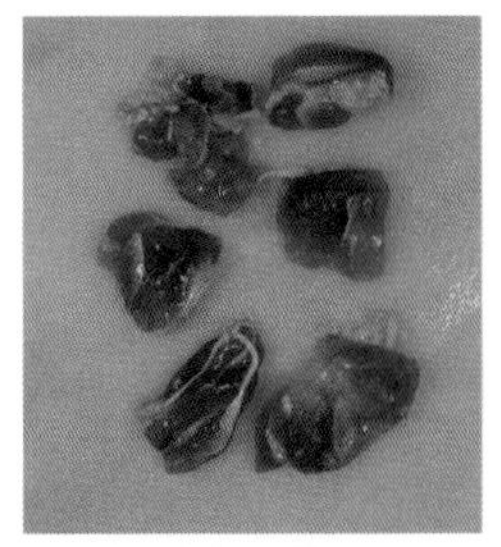

① 鸡腿肉切小块。

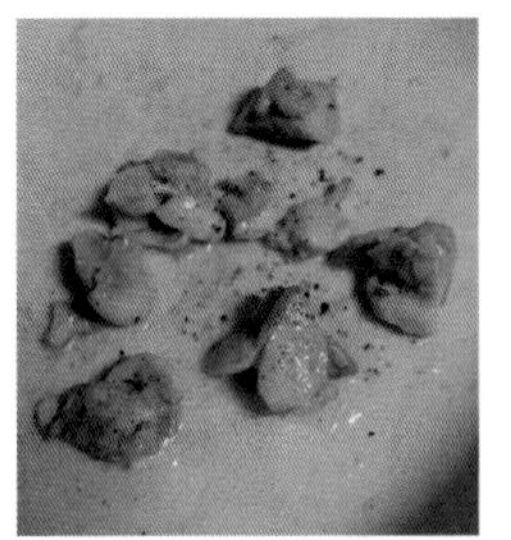

② 放入平底锅中煎熟，撒盐和胡椒粉。

③ 苹果削皮切成小粒泡入水中，芹菜切成小粒，放入锅中焯熟后滤干。

④ 苹果粒和芹菜粒放入碗中，撒入核桃碎。

⑤ 挤入蛋黄酱拌匀。

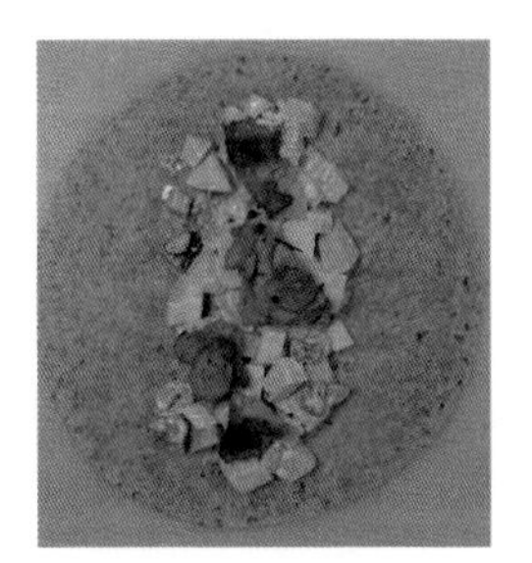

⑥ 铺好一张饼皮，摆入沙拉和煎熟的鸡块。

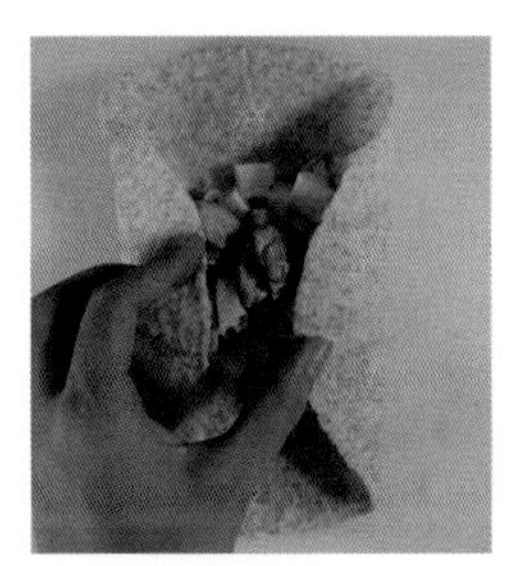

⑦ 将饼皮卷起。

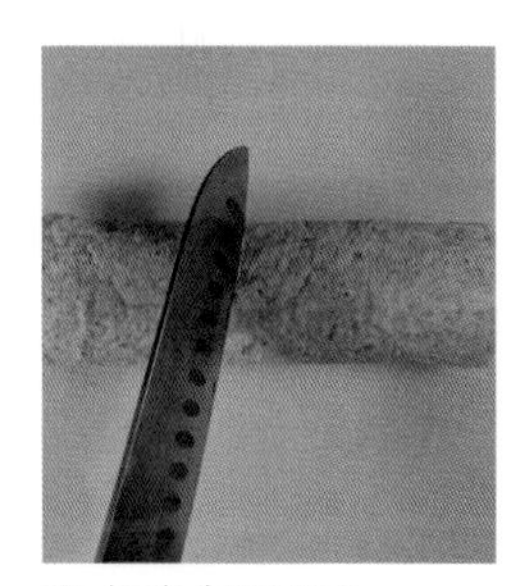

⑧ 切半食用即可。

准备这些别漏掉

主料：鸡腿肉 1 块、苹果 1/2 个、芹菜 2 根、饼皮 1 片

辅料：核桃碎少许

调味料：盐少许、胡椒粉少许、蛋黄酱 5g

制作零失误

1. 苹果泡入水中是为了防止氧化变黑。
2. 还可根据个人喜好加入葡萄干或蔓越莓干等。
3. 为了让鸡腿肉入味，可提前用盐腌制一会儿。

美式薯条薯片

速食快餐是西方国家发明且流行于全球的食品，其中薯片和薯条在家中利用简单的食材与步骤就能做出，价格不仅便宜，还很安全美味。

异国美味轻松做

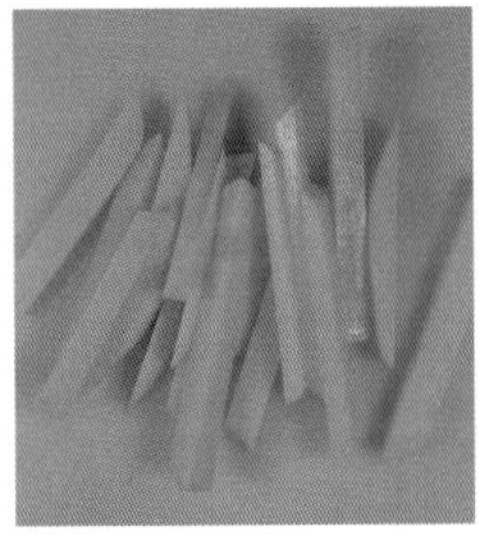

① 土豆一个，去皮后切成条状。

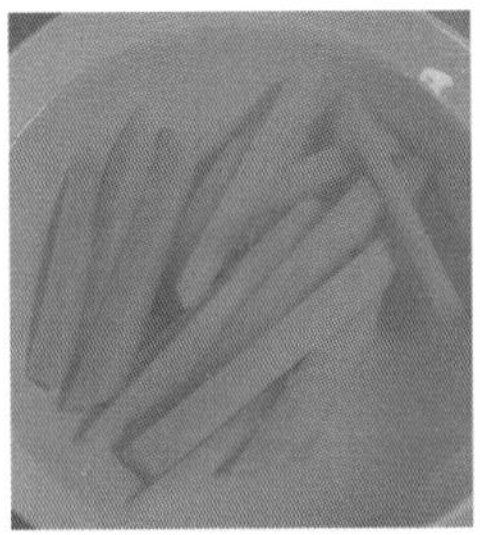

② 将薯条在水里泡一会儿捞出滤干。

③ 用厨房纸吸干薯条的水分，摆入烤盘中，抹匀盐和胡椒粉。

④ 烤箱预热，170℃烤10分钟。

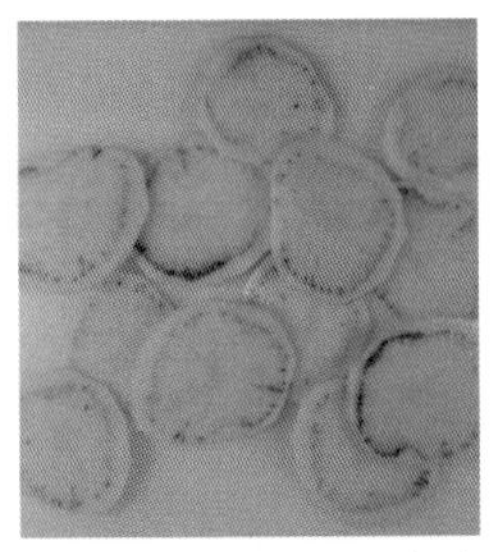

⑤ 另拿一个土豆，去皮切片。

⑥ 将切片后的土豆泡入水中。

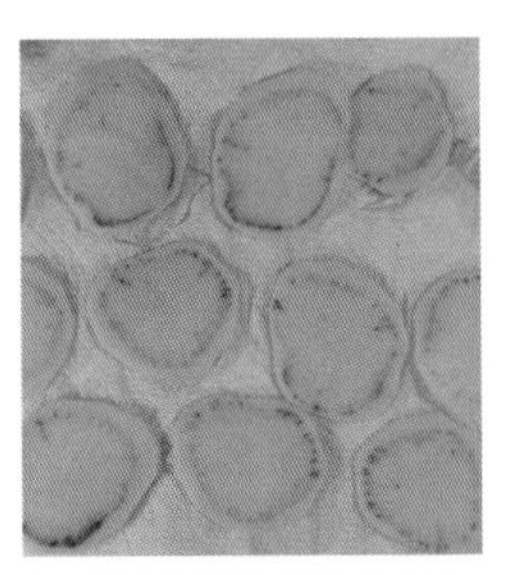

⑦ 捞出后用厨房纸吸干，撒上盐和胡椒粉。

⑧ 放入烤箱 170℃烤 15 分钟即可。

准备这些别漏掉

主料：土豆2个

调味料：盐少许、胡椒粉少许

制作零失误

1. 土豆泡水可把表面淀粉去掉，使烤出的薯条和薯片更酥脆。
2. 搭配番茄酱更添美味。
3. 烤出的薯条和薯片等冷却后再食用。

苹果派

苹果派是典型的美式食品，是美国人生活中常见的一种甜点，受到很多青少年和女性的喜欢，简单方便，营养饱腹。

异国美味轻松做

① 苹果削皮去核，切成小粒。

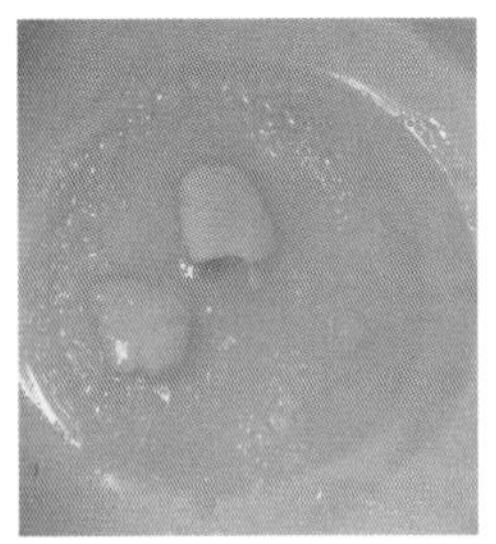

② 锅中放入黄油和白砂糖，小火煮至融化。

③ 倒入苹果粒煮至苹果微软，出锅凉凉。

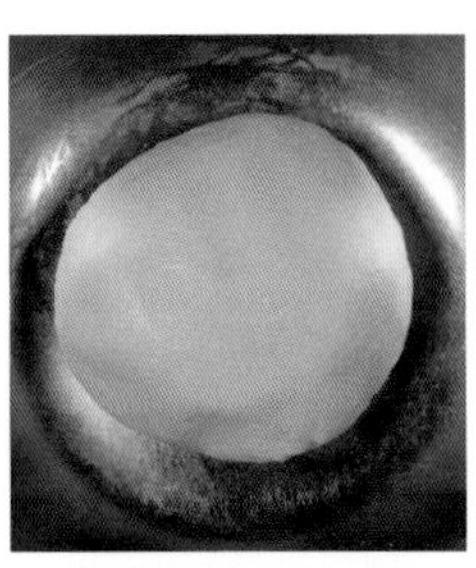

④ 黄油打发，加入蛋液，用打蛋器搅打均匀后筛入糖粉和面粉，揉成光滑面团，放入冰箱冷藏 30 分钟。

⑤ 拿出面团后用擀面杖擀平，铺入派盘里，按压去边。

⑥ 倒入冷却的苹果粒。

⑦ 剩下的面团擀平后切成条状放入派盘中编成网格，去掉派边，刷少许蛋液。

⑧ 烤箱预热 200℃，烤 25 分钟。

准备这些别漏掉

主料：苹果 3 个、低筋面粉 130g、鸡蛋 1 个

辅料：黄油 45g

调味料：白砂糖 50g、糖粉 80g

制作零失误

1. 此用料是 6 寸的量，可根据实际情况增减食材。
2. 煮苹果粒最后可加入少许面包粒吸收多余的油分和水分。
3. 尽量少用手触碰黄油，手的温度会使其软化。

美式牛油果酱

牛油果的营养很丰富，口感清爽丰腴，做成酱料搭配其他食物一起食用，健康又美味。也可作为零食的蘸料，带来不同的快感和乐趣。

准备这些别漏掉

主料：

牛油果1个

红辣椒2根

洋葱1/4个

番茄1/2个

辅料：

香菜2根

蒜米1颗

调味料：

盐少许

柠檬汁2滴

制作零失误

1. 在牛油果酱中挤入几滴柠檬汁可调味和抗氧化，使牛油果肉不易变黑。

2. 不想吃到辣椒粒的可用辣椒粉代替辣椒。

3. 牛油果酱可配玉米片一起食用。

异国美味轻松做

1 牛油果切半，用刀取出果核。

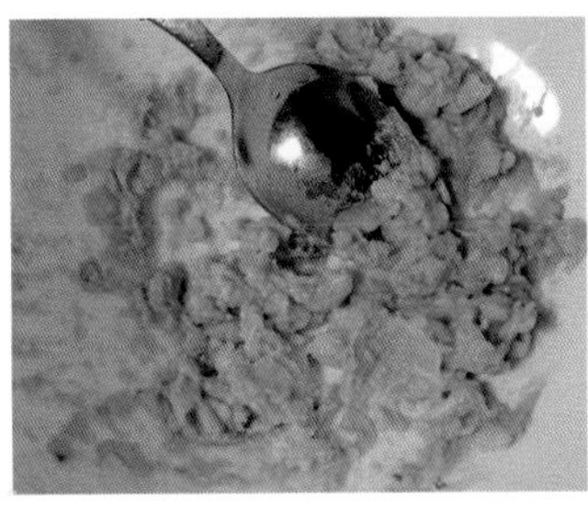

2 将果肉放入碗里，用勺子拌成泥。

3 香菜洗净切碎。

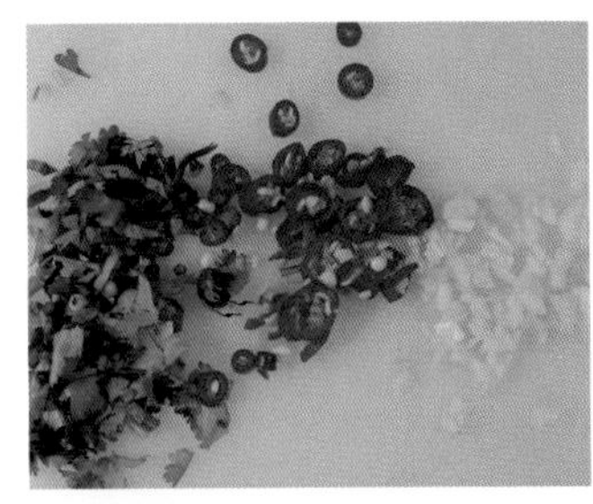

4 辣椒切碎，蒜米剁成蒜蓉。

5 洋葱切成小块。

6 番茄切小块。

7 将步骤 3~6 所有食材放入果泥中拌匀。

8 加入盐，挤入几滴柠檬汁。

瑞典肉丸

在瑞典，这道菜有一个广为流传的温馨名字——“妈妈的肉丸”，制作瑞典肉丸最重要的是要满怀爱心，细细品味能感觉到爱的味道。

准备这些别漏掉

主料：

洋葱1/2个

牛肉末150g

面包屑20g

牛奶40g

辅料：

黄油20g

面粉20g

水30g

调味料：

胡椒粉少许

盐少许

制作零失误

1. 面包屑加入牛奶后静置是为了让面包屑把牛奶完全吸收。

2. 浸泡过牛奶的面包屑具有特别的黏合作用，能使瑞典肉丸松软有度。

3. 想吃辣的口味可以酌情加入辣椒粉。

异国美味轻松做

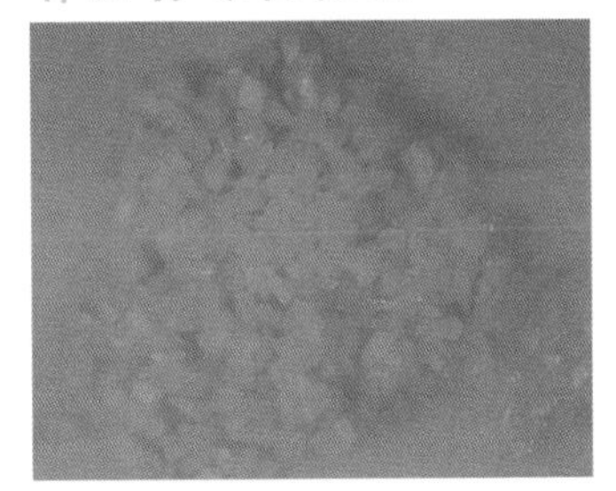

1 洋葱洗净切碎。

2 加入到牛肉末中。

3 面包屑中加入牛奶、胡椒粉和盐静置2分钟。

4 将步骤3中的材料搅拌均匀。

5 将面包屑糊倒入肉末中，用筷子快速搅拌2分钟。

6 将肉末揉成大小一样的肉丸。

7 将肉丸放入烤箱里，180℃烤10分钟。

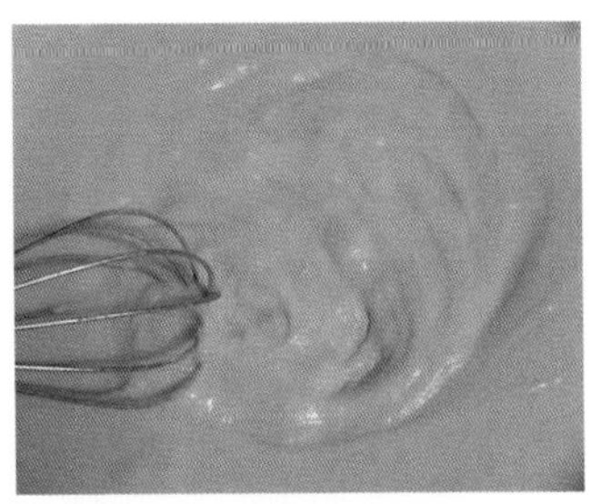

8 黄油加入面粉炒熟后加入水和盐，煮至黏稠用作汤汁。

英国司康

司康是英式快速面包，也是英国的传统美食。它可以根据个人口味，做成甜的或咸的，是早餐或点心的好选择。

准备这些别漏掉

主料：

低筋面粉250g

鸡蛋1个

牛奶30g

辅料：

泡打粉2g

黄油65g

调味料：

白砂糖30g

盐少许

制作零失误

1. 搓黄油时要快速，以免手温将黄油软化。

2. 牛奶的量可随蛋液多少而增减，视面团干湿度决定。

3. 如制作咸口味的可在面粉中增加盐、减少糖的分量。

异国美味轻松做

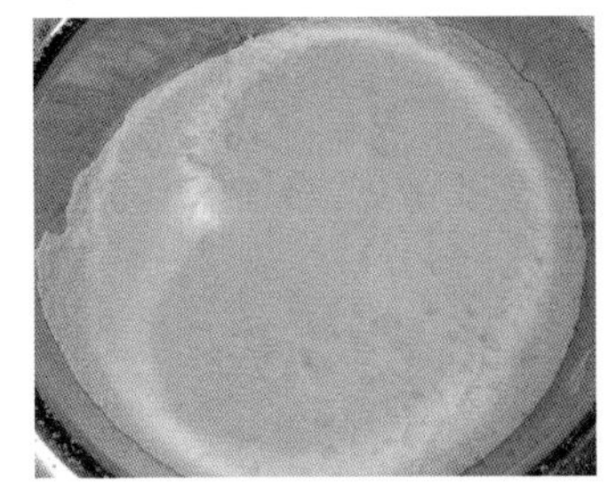

① 面粉过筛后加入泡打粉、白砂糖和盐拌匀。

② 黄油室温软化切小块。

③ 将黄油倒入面粉中，用手搓成均匀的砂粒状。

④ 鸡蛋打散，留出5g待用，倒入其余蛋液和牛奶。

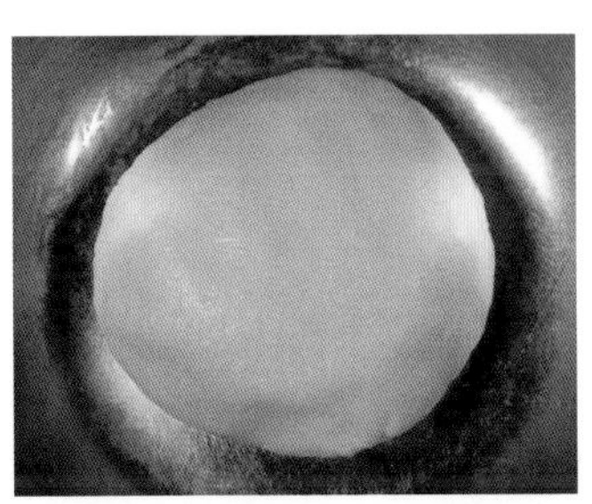

⑤ 揉成光滑的面团，包上保鲜膜放入冰箱冷藏半小时。

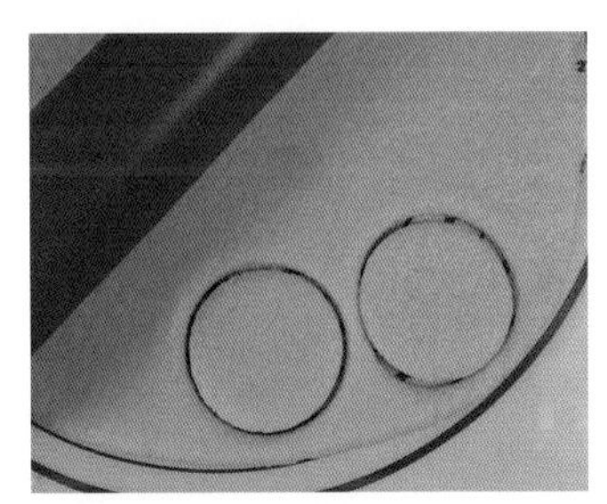

⑥ 拿出面团，用擀面杖擀成2cm厚的面皮，用圆形饼干模具压出小面团。

⑦ 放入烤盘中，将剩余的蛋液刷在面团上。

⑧ 将烤箱调到180℃，烤制20分钟即可。

欧美料理常用食材与特殊用料

在欧美料理中，吐司、培根、芝士等食材是特别之处，与其他国家相比，他们更喜欢酱料、奶制品与面包的搭配。

常用食材

食材	特点	常用烹饪方式
培根	培根是西餐主要肉制品之一，外皮油润，口味带咸，有浓郁的烟熏香味。	煎炒
面粉	面粉由小麦研磨而成，以蛋白质含量的多少分为不同品种。做出的面食种类繁多，各具风味。	制作面食
牛奶	牛奶被誉为“白色血液”，含有丰富的矿物质和热量，是人体补钙的最佳方式之一。	和面
意面	意面形状各异，具有耐煮、有嚼劲、口感好的特点，是西餐中很常见的主食。	水煮
吐司	吐司是一种西式面包，含有蛋白质、脂肪和碳水化合物等物质，方便食用、易于消化。	烘烤
羊排	羊排是羊的肋条，在肋骨外包裹一层薄薄的肉，质地松软，肥瘦结合。	扒、烧、焖

特殊原料

食材	特点	常用烹饪方式
芝士	芝士是一种发酵的牛奶制品，含有丰富蛋白质、脂肪、钙和维生素等营养成分，是纯天然食品。	撒在菜肴上
红酱	红酱以番茄作为主料制作而成，番茄中含有丰富营养，还有抗氧化剂，是对抗衰老、美容养颜的好手。	涂抹在食材上
披萨酱	披萨酱由多种食材制作而成，味道浓厚，用来做披萨或炖肉都很好吃。	涂抹在食材上
黄油	黄油是利用牛奶加工而成，营养丰富，主要作为调味品。但其脂肪含量很高，所以不要过分食用。	融化后用以煎炒食材
欧芹	欧芹是西餐中不可缺少的调味菜及装饰物。它含有大量胡萝卜素，对心血管疾病和视网膜大有益处。	切碎撒在菜肴中
罗勒叶	罗勒叶经常用于调制意大利菜，它全株含挥发油，有消食、活血、解毒等作用。	切碎撒在菜肴中

Nice Book Recommendation

好书推荐

Nice Book Recommendation

……人民日报出版社“幸福食光”系列图书……

下 厨 房 社 区 最 受 欢 迎 的 美 味 食 谱

《宝贝不剩一粒饭》

书号 ISBN 978-7-5115-2864-3

定价 34.80元

《幸福早餐，给爱的人》

书号 ISBN 978-7-5115-2904-6

定价 34.80元

《寻味世界》

书号 ISBN 978-7-5115-3309-8

定价 34.80元

《爱上家里饭》

书号 ISBN 978-7-5115-3317-3

定价 34.80元